破局

突破思维边界

孙玉忠 编著

北方妇女儿童出版社
·长春·

图书在版编目（CIP）数据

突破思维边界 破局 / 孙玉忠编著. -- 长春 : 北方妇女儿童出版社, 2024. 6（2024.10重印）. -- ISBN 978-7-5585-8595-1

Ⅰ. B848.4-49

中国国家版本馆CIP数据核字第2024L6Z482号

突破思维边界 破局

TUPO SIWEI BIANJIE POJU

出 版 人	师晓晖
责任编辑	关 巍
装帧设计	天下书装
开　　本	720mm × 1000mm　1/16
印　　张	10
字　　数	200千字
版　　次	2024年6月第1版
印　　次	2024年10月第2次印刷
印　　刷	三河市南阳印刷有限公司
出　　版	北方妇女儿童出版社
发　　行	北方妇女儿童出版社
地　　址	长春市福祉大路5788号
电　　话	总编办：0431-81629600
定　　价	49.80元

PREFACE

前言

每个人的人生都不是一帆风顺的，在各自的成长道路上，我们总是会遇到各种各样的难题或挑战，它们可大可小，可易可难……

正如“一千个读者，会有一千个哈姆莱特”一般，在面对这些难题或挑战时，有的人会感到惶恐不安，不敢直面自己的人生难题与挑战，甚至就此被它们打败；有的人则会表现得勇敢坚毅，在积极迎接难题与挑战的同时，还会动用自己的脑力解决它们。

之所以会出现这样的差别，关键在于个人思维的不同。要知道，思维不仅是一个人自我行为的重要组成部分，更是一个人向上成长的不竭源泉。当我们在工作或者生活中遇到难题时，如果能以积极向上的思维去思考，很快就能找到解决之法；相反，如果我们总是用消极的思维去思考，就会将自己置于困境之中，无法脱身。

正因如此，我们要学会重视自己的思维，同时还要懂得突破思维边界、具备破局的能力，如此才能更好地解决各自人生中的难题和困境，也才能获得更加积极向上的成长。

为了帮助大家了解突破思维边界的真正内涵，同时掌握破局的实力，我们特意编写了这部《突破思维边界 破局》图书，本书以大量的心理学、成功学和思维类书籍为基础，并紧密结合当下的现实生活编写而成。全书共分六篇，内容由包括认知破局、眼界破局、处世方式破局、人际沟通破局、做事方式破局、职场生活破局六个方面，涵盖了个人思维发展的各个情境。书中不仅有翔实的理论知识、妙趣横生的插图漫画，还编写了生动有趣的破局故事，通过“理论+故事”的阅读方式，定能让大家掌握思维破局的新知。

通过阅读这部图书，希望大家能从中有所收获，并将书中学到的思维破局知识运用到各自的实际生活中去，用它们去解决你们在生活和工作中遇到的难题或困境，从而成为一名思维破局的高手！

CONTENTS

目录

第四章　游刃有余，让人际沟通破局

第五章　运筹帷幄，让做事方式破局

第六章　杰出有为，让职场生活破局

第一章

创新思维，让你的认知破局

很多人将思维视为无关紧要的事情，但事实上思维决定着一个人的人生高度。爱因斯坦曾说：“天才是靠百分之九十九的汗水和百分之一的灵感。”实则，思维和灵感占据了同样的位置。如果没有思维的创新，就很难取得成功。

打开思维的大门，跳出思维的围墙

有时候，我们会觉得自己是靠运气和实力度过困难时期的，但事实并非如此，能让我们解决困难的往往是我们的思维模式。思维决定了我们的行动。在面对困难时，拥有独特的思维模式，我们才能破除难题。

我们在空闲的时候会有许许多多的奇思妙想，为什么这些想法只是停留在这个层面上呢？是什么原因导致想法无法变成现实呢？其实是因为我们的思维具有局限性，让我们不敢大胆尝试。如果我们敢于打破思维的模式，也许会取得不一样的成就。

影响思维模式的因素有很多，比如教育、社会以及知识水平等。不同的思维方式让人们对一件事产生不同的见解，从而采取不同的处理方法。

强森和霍华特是十分要好的朋友，有一天，强森发现霍华特一副垂头丧气的样子，就问道："你最近怎么无精打采的呢？"霍华特说："我不喜欢我现在的工作，整日无事可做，工资还低。在这种环境下，我根本找不到自己的价值。"强森问："你整日无事，为什么不寻找自己喜欢的事呢？"霍华特说："我的运气真的太差了。"强森继续说："机会本来就是留给有准备的人的。只有你准备好了，才有可能抓住每个机会。"霍华特听后深刻地反思自己，说："朋友，你说的是正确的。我的确是安于现状，不求改变。做事情总是瞻前顾后，犹豫不决。谢谢你的提醒，我会做出改变的。"于是，霍华特开始试着改变自己，不再故步自封。一段时间后，他果然看到了自己的变化。

摆脱运气思维，寻找精神富足

很多人认为，所有不顺心的事情都是运气差造成的。但事实上，人生不可能一帆风顺，而苦难本来就是每个人都会遇到的事情。苦难并不可怕，可怕的是没有克服困难的勇气。当一个人一直将自己的苦难归于厄运，那么他就会整日惶恐，渴望赚取更多的钱去安慰自己。但这样往往会让自己陷入厄运和怀疑的死循环，无法摆脱，整日不安。一个人只有在精神上富足，才能有克服困难的勇气和毅力，展现出不一样的人生风采，以更加昂扬的姿态生活。

打破思维局限

改变一个人的行为并不难，毕竟养成一个好的习惯也只需要21天，但扭转一个人的思维方式很难。思维方式的不同往往是人们产生分歧的原因，站在每个人的思维出发点来看，其实大家的想法都有一定的合理性和局限性。我们不能只站在自己的出发点思考问题，然后去指责别人的局限。我们需要做的是将不同的思维融合，形成自己独特的思维方式，拓宽自己的眼界与见解，从而帮助我们打破认知的局限。

开放思维，收获成功

我们在想办法解决困难时，不要犯经验主义的错误，而是要多思考有没有更好、更优化的解决方法。如果一个人想要获得超出常人的成功，他就必须有与常人不同的思维模式和行事方法。每个人在做事时都不应受到规则的过度约束，而是要让规则为自己服务。规则是死的，人是活的，只有我们学会如何利用好规则，采用创新思维，才能够帮助我们取得更大的成就。借力打力，打破常规思维，你终将会找到自己独特的价值，获得属于自己的成功。

西汉名将霍去病成名的原因，与他的成长环境和他独特的作战思维密不可分。霍去病出身名门，家世显赫，从小便跟在舅舅卫青身边学习军事知识。后来，汉武帝也格外看重霍去病的军事才能，还将几百骑兵交给他操练。在霍去病上战场时，卫青曾经向他提供过作战策略。但霍去病有着自己独特的作战思维，并没有听从舅舅的建议。正因霍去病拥有独特的战略眼光，他才会在攻打匈奴时取得不错的战绩，而后被汉武帝封为冠军侯。在卫青和霍去病深入大漠追捕单于时，由于对环境不熟悉，汉军在前期行军格外困难。若照传统逻辑，汉军可能会失败。在这关键时刻霍去病开放思维，想到了采用闪电战的方法。正是这种超乎常规的作战方法，才让西汉在这次战争中取得了胜利。

解放思想，学会创新

霍去病靠着自己渊博的军事知识，采用创新性的做法，最终帮助西汉王朝赢得了战争的胜利。在生活和工作中，我们也应该学习霍去病的创新性思维。打破常规，才不会让别人轻易摸清楚你的做事方法。倘若别人提前知晓你的做法，他们就会针对你的缺点，打乱你的计划，从而让你走向失败。因而，学会创新是一个人在竞争中取得胜利的关键。

提升认知，给自己一个准确的定位

当我们深入探究世界的奥秘时，会发现绝大多数的道理都需要我们运用辩证的思维去审视和理解。这种思维方式不仅要求我们全面客观地看待问题，更需要我们具备独立思考和判断的能力。这种能力实际上是一个人认知水平的集中体现，它意味着我们能够超越表面的现象，洞察事物的内在本质，并在复杂纷繁的世界中保持清醒的头脑和独立的见解。

身处互联网大数据的时代，我们能够获取无数的消息。这不仅能够让人们轻松增长知识，还可以拓宽自己的知识边界，有利于人们成长为复合型人才。然而，凡事都是有利有弊的。互联网的便捷让大多数人都不愿自己动脑思考，在一定程度上影响了人们的正常思维。

我们是谁？我们究竟拥有哪些东西？我们所拥有的这些，又能为我们带来怎样的影响？在追寻自我与意义的旅程中，能够为我们解答这三大疑问的，唯有我们自己的思维。

罗尔斯是纽约州的第一个黑人州长，他是怎么做到的呢？当人们向罗尔斯提这个问题时，罗尔斯只是讲述了自己小学时的一个故事。罗尔斯出生在一个贫民区，这里的孩子从小便不学无术。在罗尔斯上小学时，他们的校长想要改变这些孩子的未来，就想出了一个方法。这位校长发现：这里的孩子们虽然表面看着顽皮，内心却非常善良。于是校长决定发挥赞美的力量，通过赞美来鼓励这些孩子，好让他们的人生回到正轨。校长看到罗尔斯后，一脸真诚地对他说："你看起来非常有担当，将来你一定能够干一番大事，比如当上纽约州的州长。"从此，罗尔斯就立下了要当纽约州州长的志向。他开始认真地学习，注意自己的言行，后来竟然真的成了纽约州的州长。推究他成为州长的原因，不过是他相信自己能够成功，并为自己的目标不断努力奋斗。

立鸿鹄志，做奋斗者

从罗尔斯努力走出贫民区，改变自我，成为纽约市第一任黑人州长的例子不难看出：正是由于他对自己目标矢志不渝的追求，才让他成功实现了自己的目标。细细推究本质，是认知高度决定了他的人生高度。认知高度是人们觉得自己能够走多远或者能够取得多大的成就。如果你能正确认识自己，同时为自己确立正确的人生志向，那么你的人生之路会走得更为顺畅些，甚至在经过日复一日的努力后，你或许能取得非常不凡的成绩。反过来，如

果你心中没有志向，整天只知道得过且过，那你的人生大概率会变得碌碌无为。

思想高度决定人生高度

在一定程度上，思想的高度决定了一个人的人生高度。一个人的思想如果无法超越现有的框架，那么他的认知边界就会受到限制，难以接触到更广阔的世界和更丰富的知识。思想高度不足的人往往容易陷入固执的思维模式中。他们坚信自己的观念和方法是正确的，而不愿意倾听或考虑他人的观点和建议。那些思想高度较高的人则能够更全面、更准确地把握事物的本质和规律。

独立思考，学会反思

在这个信息爆炸的互联网时代，人们往往倾向于在网络上寻找现成的答案，却忽视了独立思考的重要性。然而，真正能够提升我们能力的，并不是简单地获取答案，而是对遇到的问题进行深入思考，从而形成自己独特的思维方式和见解。要提升能力，首先，需要有目的地去做事。其次，做出决定后要学会反思和总结。同时，我们还要思考自己的决策是否过于轻率，是否充分考虑了各种因素。在决策执行完毕后，我们更应该及时总结自己曾忽略的地方，以便在下次决策时能够避免犯同样的错误，表现得更好。

三国时期，刘备以其非凡的聪明才智和坚韧不拔的精神，与他的追随者们共同缔造了蜀国的辉煌。众所周知，刘备的起点并不高，但心中始终燃烧着匡扶汉室的梦想。东汉末年，天下陷入混乱，刘备敏锐地抓住了这一历史机遇。他巧妙地利用自己中山靖王后代的身份，成功打入贵族圈层，并逐渐树立起了自己的声望，吸引了大批能人志士前来归附。在众人的支持下，刘备最终成功统领蜀地，建立了蜀国，实现了自己的宏伟志向。刘备的成功并非偶然，而是源于他坚定的信念和为之奋斗的精神。他的思维认知决定了他的人生上限，使他能够站在更高的层面看待问题，制定出更为明智的战略。他为之努力奋斗的精神则决定了他的人生下限，使他在面临困难和挫折时能够坚持不懈、勇往直前。

增强自我核心竞争力

刘备的故事告诉我们，每个人都需要明确自己的人生定位，并为之矢志不渝地奋斗。人生如同攀登高峰、横渡大海，没有不可逾越的障碍，只有缺乏毅力和决心的灵魂。只要我们能找到适合自己的独特位置，成功便触手可及。

在当今这个信息化、智能化的时代，互联网、大数据和人工智能正深刻地改变着我们的生活和工作方式。面对这样的时代背景，找好自己的独特位置显得尤为重要。它不仅能增强我们的核心竞争力和不可替代性，更能使我们在时代的洪流中稳步前行，与时代共同进步。

找到人生的杠杆，成为更好的自己

阿基米德曾说过这样一句话："给我一根足够长的杠杆和一个支点，我能够撬起整个地球。"在物理学中，杠杆可以放大力量，实现以小搏大；在人生中，杠杆则代表着那些能够让我们事半功倍、实现巨大飞跃的关键因素。

每个人都渴望在人生道路上取得显著的成就，然而，大多数人终其一生都在盲目摸索，无法找到那个能够撬动自己人生的杠杆。他们往往只是仰望那些成功的人，感叹命运的不公，却从未深入思考过自己为何无法成功。殊不知，想要找到人生的杠杆，首先需要正确地认识自己。

每个人都有自己的长处和短处，有自己的兴趣和激情。只有深入了解自己，才能找到最适合自己的发展路径。盲目比较只会让我们陷入无尽的焦虑和自卑之中，更无法看到自身的价值和潜力。

凯莉作为一名优秀的会计学专业毕业生，在当地的银行工作表现出色，她的勤奋和专业精神得到了认可。当她看到另一家更好的银行在发招聘信息时，她决定抓住这个机会去尝试更广阔的职业发展。她成功通过了面试，获得了更好的薪酬和待遇，这无疑是对她能力的肯定。后来，当凯莉听说那家银行有严格的考核制度时，她又开始犹豫。她担心自己无法应对这些挑战，担心自己的表现会不如预期。在这种情况下，凯莉最终选择了留在原来的银行。这个决定可能基于她对当前工作环境的熟悉和舒适感，以及对新环境可能带来的不确定性的担忧。就这样，她因为对自己的不自信，错失了一个更好的职业发展机会。

打破自我怀疑

很多时候，人们因为缺乏自信而错失良机，甚至在尝试之前就进行自我设限，认为自己无法胜任某项任务或达成某个目标。这种心理暗示会严重影响个人的表现和结果，让人陷入一种自我怀疑和否定的恶性循环中。当我们面临挑战时，如果总是担心失败或能力不足，就会分散注意力，降低我们的专注力和创造力。相反，如果我们能够减少自我怀疑，相信自己的实力和潜力，就能更加专注于任务本身，发挥出更好的水平。

正确看待“完美”

在现代社会中，随着竞争的加剧和人们自我期望的提高，很多人陷入了过分追求完美的困境。这种追求完美的心态，不仅让人在精神上倍感压力，还可能导致工作效率低下、人际关系紧张等负面后果。然而，我们需要认识到的是，追求更好的自己并不意味着必须达到完美无缺的境地。事实上，完美主义往往是一种不切实际的追求。没有人能够在所有方面都做到完美，因为完美本身就是一个主观且难以界定的概念。过分追求完美，只会让我们在自我怀疑和失望中陷入恶性循环，无法真正体验到成功的喜悦。

花有百种，各有不同

在生活与工作中，完美主义像一个隐形的枷锁，束缚着许多人去追求那个看似完美却遥不可及的目标。我们总是被社会的标准和他人的期待所影响，盲目追求别人身上的优点和特质，却忽视了自己独一无二的魅力。每个人都有自己的长处和短处，这是无法改变的事实。上帝在为我们关闭一扇门的同时，也会为我们打开一扇窗，这既是对得失的慰藉，也是对人性的深刻洞察。它告诉我们，人生充满了选择和可能，我们不必执着于追求那遥不可及的完美，而是应该珍惜自己拥有的，发掘自己的潜力，成就独特的自己。

苏轼是北宋时期的文学巨匠，其诗词的造诣至今仍为世人所称颂。然而，与他的文学成就相比，他的仕途生涯可谓跌宕起伏，充满了曲折与坎坷。这样的经历对于常人来说，无疑是沉重的打击，但苏轼从中领悟到了人生的真谛。在被贬至黄州时，苏轼不再过分执着于官场的得失，而是开始以一种更为豁达的心态面对生活。他购买荒地，学习种菜，享受这种恬静而平凡的生活。这种转变不仅让他的心情变得更为宁静，也激发了他的创作灵感，写下了诸如“一蓑烟雨任平生”这样的传世之作。

苏轼的一生告诉我们，人生不必过于执着于某件事。当我们尽力而为却仍然遭遇失败时，不应该因此放弃生活。相反，我们应该学会换一种方式活出精彩的人生。有时候，顺其自然、随遇而安反而能让我们收获更多的惊喜。

追求本真，活出自我

人生是一个复杂而多维的旅程，我们需要在追求与放手、努力与接受之间找到平衡。过分强求不属于自己的东西，往往会带来失望和痛苦，因为每个人的生活轨迹和所拥有的资源都是独特的，无法进行简单复制。然而，这并不意味着我们应该放弃追求更好的生活或陷入消极的“摆烂”和“躺平”状态。积极向上的人生态度是我们在面对生活中的挑战和机遇时应该持有的，它鼓励我们不断进取，努力提升自己的能力和素质，同时也让我们更加珍惜和感恩生活中的每一个瞬间。

拒绝稀里糊涂，专注才能有所突破

人生需要有目标，但仅有目标是远远不够的。要想实现目标，我们就要一直专注地执行自己的计划。专注就像是指向远方的激光，只有心无旁骛，才能看到远方的辉煌。只要你专注不放弃，终将会迎来属于你自己的成就。

在追求目标的过程中，专注和执着是不可或缺的品质。它们能够推动我们克服困难，不断进步，最终实现自己的梦想。然而，如果过于执着，以至于忽视了生活的其他方面，我们就可能陷入一种焦虑和不安的状态。在这种状态下，我们往往会对目标产生过度的期望和压力，从而影响了我们的心情。因此，保持乐观向上的心态在追求目标的过程中尤为重要。

人的一生确实充满了无限可能，在这个过程中，每个人都不可避免地会遇到挫折和困难。然而，伟人之所以能成为伟人，是因为他们在面对这些挑战时，展现出了非凡的专注、执着和勇气。

菲尔·强森就是一个坚持自我、追寻梦想并最终取得成功的典范。他出生在一个普通的家庭，原本他的父亲期望他能够继承洗衣店的业务，但他内心深处对这份职业并无热情，因此表现得散漫且缺乏动力。在这种情境下，强森最终选择了听从内心的声音，去追求自己真正热爱的事业。他放弃了相对安逸的洗衣店继承权，转而投身于艰苦的机械厂学徒工作。然而，正是这份艰苦和劳累，让他找到了自己的兴趣和激情所在。他专注于学习制造机械的技能，不断提升自己的能力和水平。这种专注和执着，让他在机械领域逐渐崭露头角。后来，强森的公司凭借出色的技术实力，成为首屈一指的飞机制造公司，为同盟国的胜利做出了重要贡献。

坚定目标向前行

对于成功人士而言，他们有明确的目标，并始终保持积极进取的态度。他们深知，只有脚踏实地、勇往直前，才能逐步实现自己的梦想。因此，他们克服种种困难，将梦想转化为现实，最终收获了成功的果实。相比之下，普通人往往缺乏明确的目标，或者有了目标却不愿付出努力去实现。他们可能满足于现状，不思进取，或者整日空想，缺乏实际行动。这种态度无疑会阻碍他们前进的步伐，使他们无法取得更大的成就。因此，我们应该从成功人士的身上汲取经验。我们要明确自己的目标，并制订切实可行的计划，然后付诸实践，勇往直前。

专注目标，走向成功

在生活中，出于某些原因，我们常常强迫自己去做自己不喜欢的事情。可我们都知道，勉强自己的结果，是我们在做事情时会抱有巨大的怨气。从过程和结果来考虑，我们应该让专业的人去做专业的事，让自己从事自己热爱和擅长的事情。只有这样做，我们才能更加专注地投入，保持更加高昂的斗志。就像太阳光只有被放大镜聚集时才有可能点燃干枯的树叶。因此，我们只有更专注、更投入，才能够更好地完成任务，取得更好的结果。

反思自己，积累经验

在某件事情出现失误或是没有达到预期效果时，人们往往会抱怨自己时运不济，命途多舛，要么就是将原因归咎于自己身处的环境或者身边的人。虽然我们都知道这种做法是错误的，但仍在无意中产生这种想法。因而，在面对问题时，我们首先要思考自己的错误，深刻反省检讨自己，而不是一开始就把问题全部归咎于别人。然后再思考环境因素，积累经验，去改变环境中不利于自己的因素，从而避免下次再发生此类问题。

勒韦是1936年诺贝尔生理学及医学奖的获得者，他原本对艺术怀有极大的热情和天赋，但由于家庭背景和社会环境的限制，他被迫放弃了自己的梦想，转而学医。这个转变对于勒韦来说无疑是巨大的，但他并没有因此消沉或放弃。相反，他选择了接受现实，并全身心地投入医学学习中。在大学期间，勒韦展现出了他认真和专注的特质。他对待学习一丝不苟，很快就获得了著名教授淄宁的赏识。这种专注和认真的态度，为他在药理学领域取得巨大成就奠定了坚实的基础。尽管勒韦在事业发展过程中遭遇了德国纳粹的破坏和打压，但他并没有因此而屈服或放弃。他坚持自己的研究，不断探索新的领域，最终成为医学领域的顶尖人物。

做事专注，保持平静

专注的力量，如同磁铁一般，能够吸引并汇聚我们的精神能量。当我们集中注意力去做某件事时，我们能够更加深入细致地观察和思考，从而发现那些被忽视的细节。这种深入的洞察力和敏锐的观察力，正是我们创造独特价值的关键。要想实现专注，我们需要寻找自己内心的宁静。这可能需要我们放下杂念、调整心态，或者通过一些具体的方法来集中自己的注意力。比如，我们可以通过冥想、呼吸练习或者设置明确的目标来提升自己的专注力。

逃离舒适区，不做无谓的精神内耗

船可以安全地停泊在港湾中，可船能一直停在港湾中吗？它真正的目标应该是星辰大海。同样的，我们都有自己擅长的领域，也拥有自己的舒适圈。如果一直待在自己的舒适圈中，怎么能够让自己尝试新事物，变得更好呢？

在养成待在舒适圈的恶习之前，我们要让自己主动做出改变。要知道，一个坏习惯的养成只需要三天，而一个人要养成好习惯要日复一日、年复一年地去坚持。那么如何判断自己是否待在舒适圈呢？每个人的标准是不同的。如果你感受不到压力，那么你就可能正身处在舒适圈中。

当人们长期待在自己的舒适圈中时，很有可能会丧失奋斗的动力。为了让自己变得更好，我们应该努力走出舒适圈，适当地给自己施加压力。

小刘曾经在一家电力企业中工作，在这家公司，她从陌生到熟悉，再到对工作感到乏味和对薪资的不满。而后，她选择跳出舒适圈，尝试新的职业——销售，这本身是一种勇敢和积极的尝试。然而，转型并不总是如预期的那样顺利。小刘在销售领域遇到了困难，主要是因为她缺乏相关技能和经验，这导致她的工资水平低，内心感到迷茫。这种情况在很多转行的人身上都有可能发生，因为新领域往往需要不同的技能和知识。于是，她冷静地分析自己的优势和不足，重新规划自己的职业发展路径。她考虑通过培训、学习等方式提升自己的销售技能，或者重新审视自己的职业兴趣和目标，寻找更适合自己的发展方向。

拒绝内耗，做出合适的选择

小刘的经历提醒我们，跳出舒适圈并不意味着一定会变得更好。对于某些人来说，他们可能更适合在熟悉和稳定的环境中发展，而不是盲目追求挑战和变化。

此外，冒险和挑战也并不适合所有人。有些人可能更倾向于稳健和保守的策略，他们可能更愿意在现有的领域深耕细作，而不是频繁地更换工作或尝试新领域。这并不是说他们没有进取心，而是他们选择了更适合自己的发展道路。因此，我们不应该将“跳出舒适圈”视为一种普适的成功法则。相反，我们应该根据自己的实际情况，审慎地评估自己的能力和兴趣，以及外部环境和市场需求等因素，从而做出适合自己的选择。

开发潜能，提升自我

李白曾说：“天生我材必有用，千金散尽还复来。”这句话的意思是说，每个人都有适合自己的位置，每个人都有自己独特的才能和潜能。而现实生活中，许多人并未能真正发掘和发挥自己的潜能，其中一个重要的原因便是他们害怕走出舒适圈，害怕面对未知的挑战和风险。过度依赖和沉迷于舒适圈，会让人失去对未知世界的好奇心和探索精神，进而阻碍了潜能的发掘和个人的成长。真正的成长和进步往往来自对未知领域的探索和挑战，只有当我们勇敢地迈出舒适圈，去尝试新事物，迎接新挑战，我们才有可能发现自己的潜能，实现自我价值的最大化。

拒绝内耗，学会与自己和解

精神内耗，又被称为心理内耗，是指个体在自我调控过程中所需的心理资源逐渐耗尽的现象。当这些资源捉襟见肘时，我们的内心便会陷入一种自我折磨与消耗的困境，久而久之，便会产生一种疲惫感。这种疲惫并非源于身体的过度劳作，而是一种源自内心深处的、难以言说的主观体验。如果长期陷入这种内耗的状态，我们的活力与热情便会逐渐流失。因此，我们需要与自己和解，避免无谓的比较与内耗。只有这样，我们才能保持内心的平静与活力，迎接生活中的每一个挑战。

在一个寺庙中有个小和尚，被他的师父安排去打扫院子中的落叶。在平时，打扫落叶是比较轻松的。可一旦到了秋天，风一吹，小和尚刚打扫完的地面又铺满了落叶，这就使得小和尚只能一直打扫落叶。为此，小和尚感到苦恼不已。这时，有些和尚就给小和尚出主意，他们说："你可以在打扫落叶时，先把树上的叶子摇落下来，这样一来，你就不用一直扫落叶了。"小和尚觉得他们说得有道理，就在晚上扫地时把树上的叶子摇落下来了。可让小和尚惊讶的是，第二天早上，院中仍然铺满了叶子。这时，小和尚的师父说："我们永远不能预知未来会发生什么，不要过于预测未来。"小和尚听后，心中明白了一个道理：未来无法预测，我们能做好的只是当下。

笑对生活

有这样一句话："你怎么对待生活，生活就会怎么对待你。你对生活笑，生活就会对你笑；你对生活哭，生活也会对你哭。"这句话表明，我们应该以积极乐观的态度面对生活。只有我们自己身处快乐之中，才能有发现美的能力。在面对一些事情时，我们只求尽心尽力，问心无愧就好，不要过于强求自己。所以，我们要找到自己的生活节奏，不要勉强自己去实现一些高目标和适应高强度的生活。面朝大海，我们的内心才能春暖花开。

爱面子要有度，别死要面子活受罪

在现实生活中，面子其实是最不重要的东西。有些时候放下面子，可能事情会有不一样的结果。

有些人放不下脸面去做一些事情或者是喜欢向他人炫耀自己拥有的东西。对于他们而言，面子是最重要的东西，如果一个人没有面子，那么生活也就没有意义。其实，爱面子是一种自尊心太强的表现。因而，适当地爱面子是一种自爱的体现，而过度爱面子就是一种虚伪的表现。

凡事都具有两面性。对于爱面子这件事，其实也是有利有弊。因而，我们不要直接否定爱面子。只要适度地爱惜面子，同样也可以与人和谐相处。

曾有一对儿恩爱的夫妻，然而丈夫的财务观念让人担忧。他每个月的收入都如流水般花光，没有一丝一毫的积蓄。更糟糕的是，他还过分看重面子，时常做出一些不理智的决定。新婚之时，妻子见丈夫虽有些好面子，但赚钱能力尚可，每月的开销也都能应付得来，因此并未多加干涉。然而，随着孩子的降生，家庭的经济压力骤然增大。妻子开始察觉到家中的钱款捉襟见肘，难以维持日常开销。她多次向丈夫提出，希望他能改掉为了面子而随意借钱给别人的坏习惯，可丈夫每次都是口头上答应得好好的，实际上从未真正改过。有一个月，家中竟然只剩下两百元的余款，可丈夫仍然不顾一切地将这仅有的钱款借给了别人。为了维持家庭的基本开销，妻子无奈之下只能将自己的嫁妆典当出去。即便到了这样的地步，丈夫依然我行我素，继续借钱给别人，只是为了维持那可笑的面子。

拒绝过于爱面子，成就精彩人生

在当代社会，“死要面子活受罪”的现象屡见不鲜。有些人过分追求外界的评价和追捧，不惜通过捏造事实来维护自己的面子。然而，这种做法除了让自己陷入自欺欺人的境地外，毫无意义。因为在人生舞台上，真正的观众并不多，大多数时候，我们都是在为自己的表演而忙碌。为了面子而做

出有损自己的事情，是一种极不明智的行为。珍惜自己所拥有的东西，不要为了迎合别人而打肿脸充胖子。每个人都有自己的价值和尊严，不必过分在意他人的看法。只有当我们真正接受并爱护自己时，才能过上充实而幸福的生活。

放下面子，做回自我

人与人之间的差距确实存在，这种差距不仅体现在物质层面，更深刻地反映在精神层面。物质上的差距或许可以通过努力和时间的积累来逐渐缩小，但精神上的差距需要更多的自我认知和成长来弥补。有些人会因为感觉自己在某方面不如别人而自卑，甚至选择捏造事实来掩饰自己的不足。然而，这种做法只会让他们陷入更深的困境，因为谎言无法长久，而真正的成长和进步来自正视自己的不足，勇敢地面对并做出改变。

放下面子，虚心求学

韩愈在《师说》中深刻地阐述了师生关系的真谛：“是故弟子不必不如师，师不必贤于弟子，闻道有先后，术业有专攻，如是而已。”这一论述揭示了学习和教学中最本质的特点：知识和技能的获取是一个相互学习的过程，无论是老师还是学生，都有可能在某些领域超越对方。真正的谦虚，是能够大方地承认自己的不足，并勇敢地向他人学习。这种态度是一种明智的为人处世之道。它体现了对知识的尊重和对自我成长的追求。通过放下虚荣的面子，我们能够更加真诚地与他人交流，从中汲取养分，不断完善自己。

第二章

拓宽视野，让你的眼界破局

不断突破认知边界，深度挖掘知识领域，不仅能够提升自我维度，还可以对生活、人性、世界有更深刻的洞察与理解。积极摄取多元信息，勇于挑战未知，会使我们的思维格局得以升华，从而在面对问题时有更高远的视角和更全面的思考，人生将从此破茧成蝶，翱翔于无垠的天地之间。

超前思维，有远见才能走得更远

人生如儿时手中的存钱罐，我们朝罐子里投币，期待未来能取出丰厚的回报。想要未来璀璨绽放，平时就必须坚持积攒实力，不被暂时的灰暗时光打垮。真正有长远眼光的人，常常在做看似不起眼的基础工作，然后步步为营，用实际行动来证明自己的价值，这就是格局的力量。

古语有云："人无远虑，必有近忧。"远见好比生活中的导航仪，它可以为我们的行动指明方向，是我们决定未来行动方针的基础。缺少远见，航行就没有了目的地，自然难以成就一番事业。《礼记·中庸》中提到："凡事预先规划才能成功，反之则会失败。"

唯有充分筹备，方能未雨绸缪、把握先机，一举制胜。做人做事，首要任务是全面提升自我，为未来发展铺垫基石；其次是需要提前规划、尽早行动，抓紧每一分、每一秒，把握住每一个可能的机会。

具备远见卓识的人通常善于提前布局，规划好目标和过程，在时机没有到来之前投资自我，不断提升自身素养，力求能够为未来的发展奠定基础。做到这些，问题将会迎刃而解，事业也会更进一步。

美、英、法等战胜国在第二次世界大战结束后，决定在美国纽约创建联合国以协调全球事务。当所有准备工作完成时，这个代表全球最高权威的组织却没有可用的办公地点。新建的联合国资金不足以购置土地，各国刚历经过战火的洗礼，财政捉襟见肘，寻求各国资助恐影响组织声誉，这让联合国陷入了困境。洛克菲勒家族得知此事后，斥资870万美元在纽约购买了一块土地，无偿赠予联合国。同时，该家族还收购了附近相邻的大片土地。此举震惊美国各大财团，认为在战后经济疲软的时期，870万美元堪称巨款，洛克菲勒家族无异于豪赌，他们预言该家族十年内将由富豪变为贫民。让人意想不到的是，联合国大楼竣工后，周边地价迅速飙升，洛克菲勒家族因此获得的价值增长了几十乃至上百倍。洛克菲勒家族超前的预见力，正是他们获得丰厚回报的根源。

适度超前，把握时代脉搏

大多数人仅关注眼前利益，忽视长远规划，缺乏预见未来的眼光，故只能疲于应付日常生活，无法累积丰厚的财富。卓越人士之所以能成功，就在于他们能洞悉他人无法预见的前景，始终秉持前瞻性思维，坚定追寻远方目标，从未来获取财富。他们具有的一大特质便是超前思考，能精准把握时代脉搏，站在潮流的风口浪尖上。身处这个竞争激烈的社会中，过度超前有时也不可取，适度超前才是明智之举。这样不仅能够避开他人的敌视与挑战，又能悄然领先。诸多顶尖人物的成功秘诀，恰在于巧妙运用适度超前的

智慧。

要有明确的目标

善做规划能够成就大事，缺乏规划则容易陷于被动。如果没有制定明确的目标，做事时便会如同盲人摸象，而确立目标能够赋予工作明确的方向，帮助我们避免做无用功。每一项工作和任务，本质上皆是由大小各异的琐碎事务构成的，将这些细微环节逐个解决，逐渐累积，方能圆满完成一项重大的任务。同时，小的疏忽往往会导致整体的崩溃，如果容忍小事上的不良和瑕疵，也会影响到整个任务。“工欲善其事，必先利其器”，预先设立目标，做好规划，摒弃不良习惯，才能把握未来。

最优秀的投资是自我提升

在一次访谈中，巴菲特强调了一个核心理念：最优秀的投资是自我提升。他指出，个人的知识与技能积累是无法被剥夺的财富，每个人都具备发掘这一宝贵资源的潜质。当我们学会以预见性思维捕捉机遇时，便会意识到机遇无处不在，只是如何选择和取舍的问题。人们常受限于眼前诱惑，做出因小失大的决策，导致事业失败。目光放得越长远的人，越能够避免成功道路上的误导和诱惑，朝着一个远大的目标去努力；目光短浅的人只会被细小的成绩困住，难以获得更高价值的回报。

赤壁之战是中国历史上的经典战例之一，这场战役东吴能够胜利的关键就在于周瑜、鲁肃及诸葛亮机智的谋划与超前的布局能力。东汉末年，曹操集结百万大军攻打荆州，荆州牧刘表病逝，其子刘琮难以抵挡遂献出领地，曹操势力急剧扩张。刘备率领的部队南撤后派诸葛亮前往柴桑与孙权共商抗曹大计，孙权犹疑不决，诸葛亮等人对现状进行分析。

张昭提出曹操新获荆州兵力强大，东吴凭借长江天险的优势已失，此时需要做的就是和谈。鲁肃反驳，孙权作为将军投降将一无所有，唯有抗曹才是出路。周瑜分析，曹操军队存在四大弱点：后方不安、不善水战、马匹饲料匮乏、士兵水土不服。无论从战略还是战术层面，曹军色厉内荏，周瑜坚信东吴军队有能力击败曹军。最终，孙权打消疑虑，下令出兵，孙、刘联军在赤壁与曹军交锋，果然赢得了这场战争的胜利。

超前思维

超前思维展现了现代人智慧的特性。如今，预测不再是少数人的特权，人们均可运用科学的方法来预测未来。当我们以独到的眼光集聚优势，就能迈向成功。赤壁之战中，孙权、刘备阵营的战略规划和机动指挥堪称典范。紧密团结可用力量建立联盟，深入了解对手，利用天时、地利假降诱敌，采取火攻策略出奇制胜。火攻奏效后跨江出击，趁曹军混乱之时给予重击。曹操虽经验丰富，却在赤壁之战中犯下轻敌、战术失误等诸多错误，终致惨败，可见远见与制订规划的重要性。

适当约束自我，自律决定人生高度

人与人之间的差异显著，造成优劣区别的因素多样。天赋固然重要，譬如在篮球领域，技术可通过后天苦练，体能优势却非人人可得；天赋也不是唯一的决定性要素，对于大多数人而言，自律才是关键。想要脱颖而出，只有严格地自律，人生才能达到更高的高度。

自律即规范自身行为，首先应树立正确的三观，辨别是非对错，其次要求自身行为符合这些观念。许多人晚年的困境往往是由于早期缺乏自律造成的，比如选择人生道路时，自律是一条初看崎岖，却会随着前进逐渐踏入广阔高地的路；反之，如果选择早期宽敞的路，后期往往是一条下坡路。

自律就像美好人生的钥匙，越能约束自己，就越可能打开精彩美好的那扇门。有些人觉得人生短暂，就应该在有限的时间里尽情享乐，这样的生活方式在一段时间内是快乐的，但自律带来的幸福更加长久。

有一位名叫李晓的女孩儿，是一名自由职业者，她看似散漫的日常生活其实充满了自律。每天她都会早早起床，吃过早餐就开始一天的工作。工作结束后，李晓会雷打不动地总结当天的工作内容，做第二天的计划。在空闲时间，李晓也不会放纵自己沉迷于虚拟网络，她会做一些自己喜欢的事，感受生活的美好。她会亲手制作手工皂，或是为自己做一桌子精致菜肴，静下心读一本好书，这些都是李晓放松和娱乐的方式。到了夜晚，她坚决遵循规律作息，从不熬夜。睡眠时间到来，她便会关掉灯，放下手机和电脑，按时进入梦乡。在有些人看来，李晓这种近乎严苛的生活显得单调乏味。但对于李晓来说，她并不是强迫自己去执行任务，而是已经将自律化为习惯。自律带给她的并非束缚，而是内心的宁静与生活的丰盈。

懂得自律

把自律当成生活的一部分，人的内心品质和人格修养就会得到更好的提升。正如《智慧书》中提到的："切莫放纵自我，否则行为将流于荒诞。"懂得自律，就能避免被欲望牵着鼻子走；掌握自律，就能够引导和管理自己的人生。成功人士都是极度自律的，他们坚持早起锻炼、注意饮食平衡，日程表也有条不紊。他们的成功看似只是堆积小事的简单过程，背后却是常年坚持自律和努力奋斗。起点越高的人越能明白自律的价值，他们知道把握住人生的主动权，才能体验到生活的真谛。

根治惰性，养成自律的习惯

在实现自律的过程中，人们常面临着毅力、执行力和自控力这三种素质背后的挑战：拖延心理、自制力弱和三分钟热度。应做之事拖延不做，不应做的却又难以抗拒，计划好的却半途而废，这样的经历想必大家都不陌生。幼时起我们便不断被教导要自律，步入社会后各种成功学书籍、商业领袖的演讲，都将自律视为成功道路上的关键因素。我们知道自律的重要性，但不知道如何有效培养自律，单凭一时的决心、激情澎湃或者过分严苛的自我要求，并不足以根治惰性，也无法稳固地建立起自律的习惯。

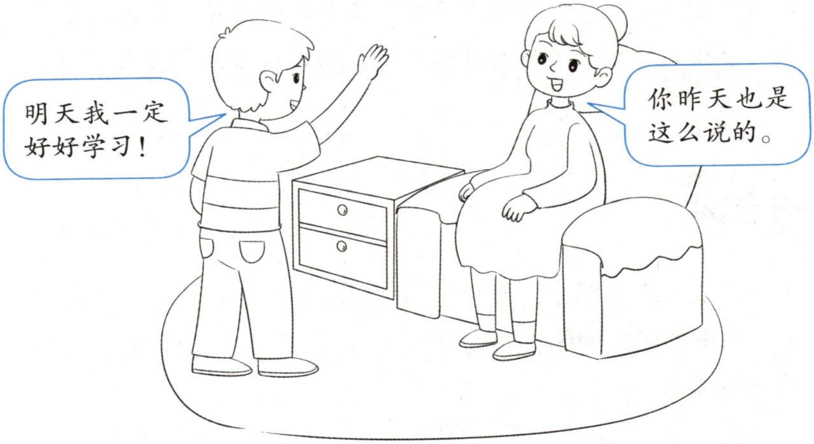

持续不断的自律最有价值

“把每一件简单的事情做好就是不简单，把每一件平凡的事情做好就是不平凡。”自律之人能够坚持不懈地将小事做到极致。持续不断的自律最为艰难，同时也最具价值。当你陷入迷惘、举步维艰时，可以选定一件事，每天坚持下去。无论是阅读书籍、学习外语，还是早起晨练。自律固然伴有艰辛，但它也会给你带来一些成就感以及心灵上的自由。深入剖析一些成绩斐然的伟人的成长轨迹，他们或许天资不出众，是自律帮助他们不断获得成功。

初入文坛时的巴尔扎克并没有展露出过人的文学才华，他在起步阶段经历了极为艰苦的学习过程，凭借着惊人的毅力，他竟逐渐养成一套被称为“巴尔扎克式工作法”的独特创作方式。这种方式看似简单，实则严酷如同自我监禁。他把自己封闭在一个只有纸和笔的环境中，摒弃外界干扰，规定自己每天写作14个小时以上，仅在吃饭喝咖啡时休息片刻。他可以连续数月处于这种高强度工作状态，除了维持生理机能的进食和睡眠，其余时间全都在创作。这种倾注全部精力、集中所有心智、发挥所有才智与潜能的做法，使得巴尔扎克在短短六周内，仅睡了大约80小时，就完成了风格迥异的《高老头》和《寻觅艾拉苏里斯》两部作品。三十年的时间里，巴尔扎克坚持使用这种方法成功塑造出2472个鲜活饱满的角色，堪称文学史上的奇迹。

自律是成就自己的最佳途径

在追梦的路上，没有人能避开挫折与困难，也没有人能一步登天，每个人都会经历一番磨砺。自律者会在逆境中坚守，通过反思不断完善自我。自律是成就自己的最佳途径，若想培养自律的习惯，不宜使用时间做计划，如每日运动半小时、学习1小时等。因为保持一段时间做一件事的过程中易受打扰。应该用量化的方式，如读20页书、背诵30个单词等，每天定量完成更容易养成自律的习惯。步步为营，从小处着手，耐心改变，当自己逐个击败这些小挑战，收获喜悦和自信时，自律就会慢慢变成习惯，帮助我们实现梦想。

学会换个角度，用新视角寻找契机

在探索和实践中，当我们遇到挑战与困境时，常规思路有时难以破局。面对这种情况，我们应突破固有思维模式，倡导勇于创新、积极求变的思维方式，从不同维度观察问题，挖掘潜在机遇，这样就能将挑战转化为成功的垫脚石，将困境转化为进步的动力。

遇到问题时，用乐观包容的态度去看待，可能更容易解决问题；相反，如果以悲观挑剔的眼光来看，就会被问题拉入深渊。就像古老的哲学思想所表述的："困扰我们的并非发生在我们身上的事情，而是我们对这件事情的看法。"我们应学会放下烦恼，遇到不能认同和理解的情况时，换个角度去看问题，将会豁然开朗。

比起被动地被周围环境左右，主动掌握全局更能够获得好的结果。抛开带有个人情绪的看法，更深入地理解所遇到的人和事，你就会发现更多的机会和合作空间。同时也能促进自身成长，和他人一起取得成功。

有一位商人慕名买下了书画家俞仲林所画的牡丹，画面上的牡丹栩栩如生，商人很喜欢，把画作挂在家里客厅的中央，还特地呼朋唤友来欣赏品评。友人们对着画中的牡丹赞叹不已，正在这时，其中一个友人面色突变，叫商人把画摘下来。理由是画面中有一朵牡丹仅描绘了半边，画出的并不是完整的花。牡丹蕴含富贵之意，缺失一边不就是暗示着“富贵不全”。商人不禁皱起眉头，认为朋友的观点有些道理。当初购买这幅牡丹为的就是寓意富贵，如今朋友的解释让他心中颇为不快。

商人找到俞仲林请求他重新创作一幅，面对商人的说法，俞仲林说：“牡丹象征荣华富贵，少一边不就意味着‘富贵无边’？”商人听了这个解释豁然开朗，高兴地捧回画作，画作没变，却因观赏者心态视角的转换，有了不同的解读与感受。

换个角度看人生

换个角度来看待人生，人们就不会因一时的竞争挫败、商业失利或是情感挫折而陷入萎靡不振，亦不会在名利双收、赞誉遍地之时变得沾沾自喜、忘乎所以。面对困难和痛苦切勿沉溺于消极情绪，积极探寻其背后的因果和教训，勇敢直面人生的曲折坎坷，才能走出困境，解决困难。以崭新的视角审视生活，能使我们面对生活的起伏波澜时更加泰然处之，内心感受到平静和快乐。正如故事中所讲的，“富贵不全”还是“富贵无边”，全看如何解读，不同视角带来的感悟和情绪也是截然不同的。

从不同的角度审视问题

当我们遭遇挫折和挑战时，不应拘泥于困境本身的压力与沉重，可以从不同的角度审视问题，将问题视作成长道路上的垫脚石，而非绊脚石。比如，将失败看作成功的必经阶段，把压力视为激发潜能的动力源泉。心态的转换也同样关键，接纳困难，乐观应对，坚信每一次危机都蕴含着转机。将逆境视为磨砺意志、提升能力的机遇，如此一来，困难便不再令人望而却步，反而成为人生旅途中的独特风景，帮助我们不断前行，收获更多的成长与智慧。

学会以他人的视角剖析问题

我们在审视身边的人和事时，假如仅站在自己的立场上，对人和事的看法会变得片面，有时还会产生误会。以他人的视角去剖析问题，就能察觉到问题的不同方面与解决办法。与其他人多交流互动、取长补短，不仅可以助力我们拓宽视野，提升自身能力，还能减少误解与冲突。例如，同事的工作方法可以帮我们打开高效完成工作的全新路径；朋友的不同见解和经验分享可以使我们更全面地了解自我本身和所处的世界。接纳他人，转变视角，我们会发现生活可以更美好。

苏格拉底遇到一位友人，两人曾经约定一起去一座大山上，人们对山上的景色赞不绝口，纷纷称赞山如仙境般美丽。他们朝着大山进发，走了很久之后两人才发觉大山距离他们很遥远，远到此生根本到不了。友人垂头丧气地感慨：“我以此为目标全力赶路，却无法看到山上的美景，真是白费一番功夫。”苏格拉底却轻松地说：“虽然没能登上大山，但是我在路上欣赏了各地的秀美风光，已经很满足了。你没看到那些美景吗？”朋友依旧在抱怨：“我心中只想着早早到达目的地，根本没有留意周围的风景。”苏格拉底说：“真是可惜，你应该多看看身边的美好。”有时人生的价值并不在于最后的成功瞬间，而是体现在旅途中遇见的每一片绿叶、每一道彩虹，这些细微的美好汇聚起来，使生命散发出醉人的芬芳。

学会转换思维和角度

我们常常受限于既定的思维模式，面对问题和困难时容易进入死胡同，这时换个角度去思考，突破自我局限，尝试和探索新的解决路径，问题便会迎刃而解。只要我们勇于改变，以积极乐观的态度对待问题，不仅可以锻炼应变能力和决策智慧，生活也会变得更加丰富多彩。毕竟生活并非单纯地追求结果，更是享受不断战胜挑战、提升自我的过程。正如古人所说，“山重水复疑无路，柳暗花明又一村”，无论身处何种境遇，都不能轻言放弃，学会转换思维和角度才是成功化解问题的关键。

为自己而活，别太在意他人的看法

你是否会为路人的一个眼神而懊恼服装搭配问题；是否在别人不回信息时胡乱猜测；是否因为别人的一句话忧虑几天？过分关注他人的评价，会使自己疲惫不堪、心力交瘁。对某些无关紧要的意见，我们大可不必过于上心，保持自我，才能活得洒脱自在。

每个人都想给身边的人展露出自己最美好的形象，这种想法没什么问题，但要点到为止。如果过于重视别人的目光、别人的要求，为了这些要求和标准改变自己，或许在短时间内会得到认可，自己也能短暂地感受到快乐。长此以往，你会发现快乐不知什么时候悄然溜走，也失去了真实的自我，迷失在生活的洪流里。

使自己变得幸福和快乐的关键在于：不要为了他人的观念和看法强行改变自己，不过度迎合他人的期望，也不苛求他人的认同。与自己深度交流，提升内在思想和外在形象，这样更易赢得尊重和被别人接纳。

森林里有许多动物，一只山鸡用草和树枝给自己搭建了一个舒适的小窝，虽然简陋矮小，但它在里面生活得很快乐。不远处，草原上的长颈鹿给自己建起一座高高的住所，周围的动物们都去参观，纷纷称赞长颈鹿的房子豪华。山鸡也跟着去了，听见其他动物的赞叹，它越看自己的小窝越觉得不顺眼。于是它拆掉草窝，十分费力地建起一座和长颈鹿的房子差不多高的房屋。动物们对山鸡的房子也大加赞赏，这让山鸡感到自豪且高兴。渐渐地，冬天到来了，山鸡住在和自己身躯相比过分高大的房屋里，冷得颤抖不已。这时，山雀来看望它并好心劝导："别人称赞羡慕的未必就适合你，你应该为自己活，不应被虚荣所迷惑。"山鸡嘲笑山雀缩在自己的圈子里，格局太小。山鸡想到赞美便觉得受冻也值得，天气越来越冷，它最终冻死在自己的房子里。

深刻理解自己，准确定位自己

每个人的心中都有着各自不同的理解和评价标准，由于个体间的性格特点、成长环境、见识眼界、思维方式、观念体系等诸多因素的影响，不同人对我们会有迥异的看法和判断。他人眼中的我们，并不能完全反映真实的、全面的自我。要打破他人对我们的固有偏见和误解，首要任务是深刻理解自己、准确定位自己。当我们真正了解自己、肯定自己，认识到自身的本质时，面对偏见和误解，就能一笑置之。只要我们清醒地认识自我，就能够有效地避免因他人刻板印象带来的痛苦。

勇敢响应内心的呼唤

许多人喜欢以自己的看法和观念给别人下定义、贴标签。他们不觉得这种做法草率，也不会反省自己的判断有没有失误。可悲的是，有些人糊里糊涂地活在这种标签和评价中，因他人的冷漠而忧虑不安，因别人的几句随口赞美而得意忘形，把自己搞得心力交瘁。人生短暂，我们应当珍视时间，多为自己而活。勇敢地响应内心的呼唤，唯有它能揭示真正的自我。与其耗费精力曲意逢迎他人，时刻屈从他人意愿，不如专注于踏实做人，勤勉做事。

不要过度在意别人的看法

作家列斯科夫说过：“世界上有两种人，一种是活给别人看，一种是活给自己看。”为了他人的赞美而活的人，虽然可以带来一时的满足和欢愉，但如果长期沉溺在这种廉价且无营养的赞美里，对自身的成长并无益处，最终也会被生活和时代抛弃。为自己而活则强调一种脚踏实地的生活态度，我们无须过度在意他人的看法，每个人都有属于自己的人生轨迹。找准自己的位置，拒绝做那只追求表面光鲜而忽视真实价值的山鸡，才能活得更加安稳扎实。

石屋禅师与一名陌生青年男子同行，傍晚时分，青年说：“夜间赶路不安全，不妨到我家暂住一晚，早上再继续赶路。”禅师欣然接受了他的邀请，两人一同来到青年家中。晚上，禅师察觉有人偷偷潜入他的房间，便大声喝问：“是谁？”那人惊慌失措地跪倒在地，禅师揭开他脸上的黑布，发现正是青年。

禅师惊讶地说：“原来你留我住宿是为了我的财物！出家人能有多少钱财，你应该去赚大钱。”男子惊喜道：“怎样能赚大钱？”看着他真诚迫切的样子，禅师说：“这个方法就在你面前，你想得到吗？”男子追问：“我想要，它在哪里？”禅师抓住男子的衣领厉斥道：“它就藏在你的内心深处，你却不懂得珍惜，辜负了父母赋予你的宝贵生命！”这番话令男子幡然悔悟，并且痛改前非，拜在石屋禅师座下，最终成为一位极有名望的僧人。

为自己而活

人的一生是不断失去和获得的过程，始终陪伴在你左右的只有自我本心。为自己而活是一种质朴、真实的生活哲学，平凡而真切。我们要学会不轻易迁就无谓之人，无论社交圈多么广阔，真正对我们产生影响和有价值的，往往只有少数几人。我们常花费过多的精力来取悦无关紧要的人，却把最差的情绪留给最亲近的人，这是错误的。我们应该为了自己和真心待我们的人而活，不要再为陌生人而折磨自己，取悦无关紧要的人并不能给我们带来良好的回馈，它只会让我们身心疲惫，轻待了亲近的人。

拥抱创新思维，打破传统才有生机

在学生阶段，我们都接受过应试教育，被教导每道题都有标准答案。进入社会后仍保留这种思想的人，遇到不再标准的问题就会显得过分小心和拘谨，反而容易使思维变得死板。生活中亦是同样的道理，人生没有正确模式，我们应倾听内心的声音，活出独属于自己的精彩。

管理学权威彼得·德鲁克曾指出："企业只有两个基本功能：营销和创新。"企业最青睐的便是那些擅长创新并将创新融入营销活动的人才，由此可见创新的重要性。要想取得更大的进步，就必须敢于求变。我们想要增加创新动能，可以多拓展自己的能力范围，主动涉猎未知领域，这样就能为我们的事业锦上添花。

不管身处何种行业中，寻找属于自己的答案都是至关重要的。胡乱模仿和跟风有时不但起不到积极的作用，反而还会浪费精力和钱财。唯有发掘自身特长，在擅长的领域发挥优势，勇于创新，才能最大程度地提高成功的可能性。

20世纪80年代，戒烟广告常以强调戒烟的好处规劝人们戒烟，如宣传戒烟可以使身体更健康等。普林斯顿大学的学生埃拉·伊丽莎白接到一个戒烟广告的委托，为一家预防和治疗癌症的组织做宣传。通过多方了解，她发现患有肺癌的著名影星尤尔·伯连纳，病因正是源自他持续多年的吸烟史，在1985年《早安美国》的节目中，伯连纳还曾公开表示希望参与制作一则禁烟广告。伊丽莎白联系到伯连纳，通过深入交流和沟通，以伯连纳本人为主角的戒烟广告很快拍摄完成。同年10月，伯连纳离世，享年70岁。在他去世后，这则广告按照他的遗愿立即公开播放。画面中的伯连纳严肃地告诫众人，如果不想像他这样因为抽烟患上癌症，就请马上戒烟。这则广告一经播出，对观众产生了极为震撼的宣传效果，埃拉·伊丽莎白也因此一举成名。

冲破固有的思维屏障

正面宣传是一种常见的策略，而在大众已对各类正面宣传司空见惯甚至感到麻木之际，如何确保宣传能引发更多的反馈呢？如果我们借鉴伊丽莎白的做法，调整思路，冲破固有的思维屏障，就能在原有的基础上把本来的成果放大数倍。平时我们应当养成不断成长和求变的思维方式，勇于在竞争的环境下挑战自我，这样才能不断激发潜力，适应现代社会快节奏、多变化的需求。人们推崇的伟大科学家、企业家和艺术家能够成为时代的领军人物，正是因为他们为人类的精神和物质文明作出了创新性的贡献。

创新思维

创新思维经常影响着我们的生活，比如找工作时，现代职业多元化的现状为每一个富有创新思维的求职者提供了更大的选择空间。如果认为只有一种工作方式和内容是符合自己要求的，那这种观念本质上就会反映出一种不愿主动求变、只想维持现状的惰性心态。学习课本上的知识或者经验时，我们会不自觉地把自己困在前辈的思维框架里，书本和老师给予的知识固然重要，但也需要我们勇于批判和超越旧有的框架，积极规划和畅想新事物、新方法，这样才能为社会带来进步。

挣脱传统规则的束缚

挣脱传统规则束缚的第一步是准确地评估自身的特点。每个人都有自己的个性和特质，当你的性格特点和行业需求冲突、违背的时候，即便那个岗位待遇再丰厚，你也无法在这样的平台上充分发挥自己的价值。所以，千万不要为了让自己符合“传统规则”的要求，就进入一个不适合的领域。那些被众人追捧的职位或者行业未必适合你。如果非要进入，最后的结果只能是惨淡收场。当今世界正处于一个千变万化的时代，任何行业、任何领域都有无数的机遇和无限的可能。很多新兴的行业，例如区块链、新能源、无人机等，它们或许并非传统意义上的“铁饭碗”，但对于我们来说也不失为一种新的尝试。只要我们清晰地找准了自己的定位，明白自己的特点和长处在哪里，不妨大胆地去探索新兴领域，摆脱传统思想的约束，在全新的行业里找到真正适合自己的人生方向。人生是一场充满不确定性的试卷，每个人都有属于自己的答案。我们要学会寻找除了标准答案以外的更优答案，打破“传统规则”，摆脱没有意义的竞争。只有找到了适合自己的赛道，才能以更快的速度，跑向我们预期的终点。

每个人都有自己独特的个性和优势，当你的个性特点与行业需求不符时，即使这个职位收入丰厚，你也无法在其中最大化地发挥自我价值。切勿为了顺应主流，硬挤进不适合自己的领域，那些看似热门、受众人推崇的行业也许并不适合你的性格和本心。现今的世界发展迅速，瞬息万变，各行各业都有着众多的机会和可能性。比如AI、新能源等行业虽不像传统行业一样稳定，却提供了新的思维和舞台。只要对自己的定位足够清晰，了解自己的特长，不妨大胆涉足新兴领域，探寻属于自己的道路。

著名设计师皮尔·卡丹的成功秘诀在于即使面临质疑和阻力，也要不断创新并付诸实践。他颠覆了20世纪50年代女装主导的时装界，提出男性同样需要时尚装扮的理念，率先在服装上使用自己名字的缩写。尽管遭到同行指责和舆论压力，他仍然坚持设计男装，举办男女装混合展示的表演，最终打开了男装市场的新局面。此外，皮尔·卡丹把自己设计的高级时装推向大众市场，通过小批量生产和款式更新，成功打破时装业的传统经营模式。他还大胆预言并践行了高档时装零售化，这个行为在那个时代颇具争议，然而在现今已成为行业常态。由于皮尔·卡丹始终站在创新前沿，他成为首个推出成衣系列、开发配饰香水的设计师之一，他不断跨界尝试，保持旺盛的创造力，在其近50年的职业生涯中，作品始终新颖独特，影响力深远。

要有创新能力

卓越人士能创造出辉煌的成就，主要原因在于他们具备独树一帜的思维方式。从皮尔·卡丹屡次实现逆袭的事迹中，我们能看出两点：首先，创新能力可以帮助企业维持长久的生存发展、增强竞争力，以及注入蓬勃的活力。只要持续保持这种创新力，就能够应对生活中的种种挑战。其次，创新思维需要主动培养和锻炼。那么如何训练呢？我们可以主观地使用发散思维和聚合思维、直觉与逻辑分析、逆向思考与常规思路。通过训练，就算我们无法到达成功人士的境界，也能够在自己的领域中取得显著进步。

积极把握机遇，心动不如果断行动

当我们的目光不只局限于脚下，而是放眼于未来时，我们就会变成热爱探索、充满好奇心的人。想要挖掘事物深层的含义，发现问题的本质，看见他人没留意过的现象，这些都是探索欲和好奇心的表现。

人们常对他人怀揣的梦想抱有贬低甚至轻蔑的态度，但实际上梦想是一种积极的心理和成功基石，怀揣梦想，才会有希冀，才能激发出内在潜能。梦想蕴含着激励人心的创新力量，它鼓舞人们成就一番事业，它还是才华的催化剂，强化人们的技能，使一切美好憧憬得以实现。

生活中借好奇心把握机遇并非难事，当你勇于运用好奇心去探索、去发

掘时，机遇也会随之增多。正如哲学家拉尔夫·爱默生的名言：“不要由于羞涩而畏首畏尾，生命是一场实验。你实验得越多，就做得越好。”

美国有一个贫穷的黑人男孩儿，从小住在破旧的房屋里，体质虚弱，学业也不佳。有一天，他看到高尔夫球星尼克劳斯的故事，受到触动，自此他立志要成为职业球员。尽管家庭条件拮据，母亲仍支持他的梦想。中学时期，体育老师发现他有打高尔夫球的天赋，于是资助他练习。他也不负众望，成为当地的少年高尔夫球冠军，并被斯坦福大学录取。大学暑假时，他本打算放弃学业去做游轮服务员以改善家境，体育老师则提醒他坚守梦想。他想起自己的梦想不只是金钱，而是成为像尼克劳斯那样的高尔夫球巨星。他幡然醒悟，回归训练，18岁便成为全美业余高尔夫球大奖赛最年轻的冠军，三年后转为职业球员。他就是泰格·伍兹，最伟大的高尔夫球运动员，创下多项世界纪录，连续获得多个大赛冠军，成为高尔夫球界的神话。

好奇心的力量

人们普遍对身边随处可见的事物失去探究的兴趣。一件事变得熟悉且可以被预测时，我们对其便不再重视。但是好奇心不应仅存在于新生事物中，我们重温旧书也会有新的体悟，这就说明，无论是新事物还是旧事物，都能

给我们带来丰富的学习机会。好奇心可以使我们在熟悉的事物中发现新的视角，并借此探寻通往未知的新路径。为什么好奇心常被忽视，主要是因为它运行得更加隐秘。相较于“乐观”“友善”等显而易见的品质，好奇心隐藏在我们的思考方式和感知之下，推动我们更加机智地洞悉事物。

要付诸实践

想要成功，不仅要有过人的魄力，更要有付诸实践的决心，将令自己心动的念头落实到具体行动中。我们在寻求事业发展的时候，如果缺乏远大的目标，就很难展翅翱翔于高空之中；反之，若一心向着高高的天际，我们便会如同雄鹰展翅，勇往直前。成功者必备的素质是他们不会被别人的冷嘲热讽所影响，梦想便不会轻易破灭。满足于现状只会消磨我们追求更高目标的激情，只要敢于向心动的方向迈进，只要拥有远见和自信，我们就一定能振翅高飞。怀揣远大理想，坚持自我，充满自信，未来定能取得成功。

保持好奇心

好奇心能使我们变得包容，且热衷于寻找新机遇、新见解，从而使人生变得更精彩。保持好奇心的关键不是我们是否注意观察周围的事物，而在于如何观察、如何思考。敞开自己的心扉，充满好奇心地对待周围事物，日常生活中常见的事物也会呈现出别样的魅力。比如逛超市时，面对琳琅满目的货品，我们可能只是草草扫过，但若带着好奇心去探索，就会发现许多亮点：常用的日用品换了漂亮的新包装，没尝过的零食意外的美味。只要我们保持好奇心，生活中处处都有惊喜，时时都能发现机会。

第三章

自立自强，让处世方式破局

每个人都不是完美无缺的，每个人都有自己的短板和缺陷。真正的强者，并不是逃避自己的不足，而是敢于直面它们。只有当我们真正接受自己的缺点，才能更深刻地认识自己，从而改变思考方式，将劣势转化为优势。毕竟世界因多样而精彩，你的每一个不完美都是你独特魅力的一部分，值得被珍视和欣赏。

转换思维，将你的缺点转换为优势

人生百态，无人完美无缺。缺点，如同影子般伴随着我们，然而它并非全然负面。辩证地看待，我们会发现，某些缺点在特定情境下，也能转化为独特的优点。正是这些不完美，构成了我们丰富多彩的人生。

说到不足，人们往往想着怎么改进。其实，只要换个角度来看，这些不足也能变成我们的长处。它们或许曾让我们感到困扰，但也能成为我们成长的助力。我们要学会坦然面对自己的不足，从中找到力量，将它们转化为前进的动力。

人无完人，各有长短。我们不必过分纠结于自身的不足，更无需盲目自满于优点。关键在于智慧地认识自己，发挥长处，弥补短处。这样一来，我们才能不断进步，成就更好的自己。

艾伦从小就是个小胖妞，尽管尝试过各种减肥方法，但始终未能如愿。母亲曾安慰她：“其实你很可爱，不要太在意体重，快乐才是最重要的。”艾伦将母亲的话铭记在心，逐渐放下对体重的执念。她拥有一副天生的好嗓子，在学校的晚会上总能成为焦点。业余时间，她更是投入声乐训练，用歌声表达自己的情感。虽然体形丰满，但她的歌声充满力量，让人们感受到她内心的坚韧和自信。

在一次歌唱比赛中，艾伦面对众多身材苗条的对手，起初感到有些自卑。然而，她想起母亲的话，决定以自信的态度面对挑战。她以幽默的方式调侃自己的体重，用歌声传递快乐和正能量。最终，她以出色的表现赢得了观众的掌声和评委的认可。

艾伦的故事告诉我们，每个人都有自己独特的魅力，不必过分追求外在的完美。真正的自信是从内心生发出来的，我们应该勇敢地做自己，活出真我风采。

正视不足：真缺点与伪缺点的智慧转化

生活中的缺点，分为真与伪两种。伪缺点，实则是恶习，如懒惰、撒谎，它们阻碍我们前行，必须努力克服。真缺点，或许是外貌上的不足，也或许是性格上的小瑕疵。这些真缺点，不必过于苛求改变。有时，它们甚至可以转化为我们的优势。例如，一个内向的人可能更擅长深思熟虑，一个外貌平平的人可能更懂得内心的修炼。关键在于我们如何看待和处理这些缺点。真正的智慧，在于接纳自我，将缺点转化为力量，绽放独特的光彩。

接受不完美，释放自我

人生如一幅画，不完美是其中不可或缺的色彩。我们常常过于关注自己的缺点，仿佛它们是阻挡我们前进的巨石，让我们在自我怀疑中压抑。然而，不完美正是我们成长的催化剂，它让我们更加真实地面对自己，更加勇敢地追求梦想。接受不完美，不是放任缺点，而是学会从中汲取力量，以更宽容的心态面对自己。释放自我，不是忽视不足，而是在认识自己的基础上，更好地发挥优势，活出真实的自己。

换个角度看残缺，领悟人生之美

人生并非一帆风顺，亦无绝对完美。我们总是追求完美，而忽略了残缺中的独特韵味。学会换个角度看残缺，或许会发现不一样的风景。你会发现，正是那些不完美，塑造了我们独特的人生轨迹。残缺不是缺陷，而是成长的印记，是生命旅程中不可或缺的部分。它让我们更加珍惜自己所拥有的，更加坚韧地面对挑战。因此，让我们不再惧怕残缺，而是拥抱它，从中汲取力量，领悟人生的多样与美好。

有三个新员工分别是小张、小李和小王，他们因为各自的特点，在初次踏入职场时都遇到了不小的麻烦。小张口才出众但话多，小李节俭过度显得吝啬，小王内向不善交际。因此，他们都没能顺利适应工作，最终遗憾离职。

然而，命运似乎又给他们开了另一扇窗。他们三人又意外地进入了另一家公司。这次，公司的领导对他们的特点了如指掌，巧妙安排。小张进销售部，以口才征服客户；小李守仓库，以细心守护财物；小王入资料室，专注整理文件。

这一变动，仿佛为他们打开了新世界的大门。小张销售业绩飙升，小李仓库管理得井井有条，小王文件整理得一丝不苟。他们各自在新岗位上发光发热，展现出前所未有的能力。

这个故事告诉我们，每个人都有其独特的闪光点和不足，关键在于如何找到最适合他们的位置。所谓缺点，只是未放对地方的优点。通过积极的自我调整和努力，我们可以将这些伪缺点转化为个人成长的催化剂，让它们成为我们前行路上的助力，助我们走向更加辉煌的未来。

正视伪缺点，转劣为优

在人生的舞台上，我们每个人都或多或少带有一些伪缺点。然而，这些所谓的不足，并非无法改变。我们要勇敢地正视它们，努力改正，将潜在的危害降到最低。同时，我们也要学会辩证地看待自己的缺点，不轻易放弃，更不应沉溺于自责中。相信自己，相信每一个缺点都蕴藏着转化为优势的可能。

收敛锋芒，谦虚的人离成功更近

达克效应提醒我们，自我认知常受能力水平影响，弱者易自大，强者可能自卑。因此，我们应时刻保持谦逊，不因小成而自满，也不因挫折而妄自菲薄。谦虚使人进步，只有真实地面对自己，不断学习和提升，才能走向成功。

人生的道路永无止境，我们唯有不断前行，方能领略更广阔的天地。在这个过程中，每一次的进步，都可以让我们更清晰地认识到自身的局限，也让我们更加坚定地迈向更高的目标。我们应该一直保持对知识的渴望，对成长的追求，不断提升自我，感知不足，成就更好的自己。

要接纳新知，必须摒弃旧识的束缚。否则，自满的心态将如同无形的壁垒，阻碍我们探索与进步的步伐。唯有以虚心的态度去学习，方能不断拓宽视野，提升自我。我们应保持开放的心态，勇于接纳新事物，不断追求进步，方能成就辉煌的未来。

孔融是三国时期的士族楷模，他性格耿直，不畏强权。初涉官场时，他便以一身正气，勇敢揭露贪腐之徒。董卓当权时，他多次与董卓意见相左，最终遭贬，但他始终坚守正义，不屈不挠。

在许昌，孔融以笔为剑，直指曹操政策的种种弊端。当曹操迁怒于太尉杨彪，欲置其于死地时，孔融挺身而出，力劝曹操放下屠刀，最终使杨彪得以保全。他的正义之举，赢得了人们的赞誉。

然而，孔融的直言不讳竟然惹怒了曹操。建安十三年，曹操为排除内部干扰，开始对付孔融。他授意他人诬陷孔融，翻出了孔融以前的言论作为罪状。最终，孔融被处以极刑，家人也一同遇难。

孔融虽离世，但他的正直品质永载史册。他从不自满，始终怀着进取之志，不断前行。他的精神如同璀璨的星辰，照耀着后人前行的道路。

隐藏锋芒，保持平衡

在人生的舞台上，隐藏锋芒也是一种高超的技能。它并非逃避，而是智慧的体现。当我们取得一些成就时，不应沾沾自喜，而应保持谦逊与低调。学会平衡心态，面对生活的得失，我们方能稳步前行。

生活中的成功与失败都是暂时的，过分自满只会让我们失去前进的动力。我们要时刻保持一颗平常心，既不因一时的得意而忘形，也不因一时的失意而沮丧。只有这样，我们才能在人生的道路上越走越远。

保持谦虚，迈向广阔世界

高傲如同短暂的升腾，或许能带来一时的荣耀与风光，但终究难以持久。谦虚则如稳步地降落，踏实而稳健，能够引领我们走向更广阔的世界。保持谦虚，我们才能不断汲取新知，不断成长。谦虚使人进步，因为它让我们保持一颗谦逊的心，时刻准备接受新的挑战和机遇。只有放下身段，虚心向他人学习，我们才能走得更远，看得更广。在人生的旅途中，我们应该时刻保持一颗谦虚的心，虚心向他人学习，不断充实自我。只有如此，我们才能在知识的海洋中遨游，不断攀登生活的高峰。

自满障目，难抵成功之门

自负如同厚重的迷雾，遮蔽了前行的方向。那些自以为是的人，往往陷入自我编织的幻境中，难以自拔。他们盲目自信，无视他人的意见和建议，最终只会在错误的道路上越走越远。成功需要的是谦逊的态度和不懈的努力，是不断地吸收新知识、不断提升自己的能力。自满的人往往忽视了这些，以为凭借自己的小聪明就能一帆风顺。然而，真正的成功从不眷顾那些自以为是的人。我们应该始终保持一颗谦逊的心，虚心接受他人的意见，这样才能逐渐走向成功。

赵先生是某地人力资源处调配组一位备受赞誉的中坚力量，他深受同事们的喜爱和尊敬。尽管调配工作常涉及人际纠纷，他却总能巧妙化解，赢得人心。初入人力资源部时，他并不受欢迎，那时的他自视甚高，常常炫耀自己的成就，比如帮助了多少人，收到了多少赞誉。然而，他的炫耀并未赢得同事们的真心认可，反而引发了他们的反感。

在老领导的点拨下，赵先生开始反思自己的行为。他逐渐认识到，倾听他人的声音远比自我吹嘘更为重要。于是，他开始转变态度，与同事交流时，总是耐心倾听对方的故事，让对方感受到被尊重和关注。当对方问及他的成就时，他才以谦逊的态度，简单提及自己的一点儿成绩。

这样的转变让赵先生逐渐赢得了同事们的信任和喜爱。他深知，真正的智者不在于炫耀自己的成就，而在于善于倾听他人的声音，尊重他人的付出。

以成长的视角审视自我，谨防自满

人最可怕的不是对知识的无知，而是明明不懂却假装无所不知。这种虚假的自负，往往会让我们陷入狭隘的世界，错失成长的机会。想要全面地认识自我，首先要敢于面对自己的不足，勇于承认自己的无知。不要害怕向他人请教，更不要害怕在探索中犯错。同时，要用发展的眼光看待自我，不断学习新知识，提升自己的能力。只有这样，我们才能在成长的道路上不断前进，实现自我价值的不断提升。

收起玻璃心，坚定内核，强化实力

有些人过于敏感，难以接受他人的任何批评，仿佛拥有一颗易碎的玻璃心。一旦受到批评，他们便会耿耿于怀，整日沉浸在消极的情绪中，内心既敏感又脆弱。然而，成长需要勇敢地面对批评，从中汲取力量。

有些人之所以表现出玻璃心的特质，往往有多方面原因。他们可能因认知水平较低，对事物缺乏深刻的理解；也可能因内心自卑敏感，容易受外界影响；再者，内心想法过多，过于在意他人的评价；最后，过于闲暇无事也易让人陷入敏感脆弱的情绪。这些因素交织，共同造成了玻璃心的出现。

拥有玻璃心的人往往在生活中过得不如意。他们因敏感脆弱而难以应对挫折，稍有不如意便心生沮丧。过多的内心想法与自卑情绪使他们难以享受生活的美好，总是在忧虑与不安中度过，难以获得真正的幸福与满足。

小薇是一个情感脆弱、易受外界影响的人。每当办公室的同事经过她的工位时，谁要是多看她几眼，她就会忍不住开始琢磨：是不是我今天的妆容有些不妥，或者穿着过于显眼？这些念头让她感到心神不宁。

在与男友的沟通中，她也常常陷入无尽的遐想。每当她发送一条消息，在等待回复的过程中，她的脑海中就已经上演了一场场戏剧化的场景。一个简单的玩笑，她也能解读出各种复杂的含义，认为对方是在有意无意地伤害她，从而选择疏远对方。

小薇自己也清楚，在某些方面，她确实过于敏感。有时，她也会为自己辩解，认为别人无法理解她的感受。对于小薇来说，只要她学会调整心态，就能够逐渐摆脱“玻璃心”的束缚，过上更加自在和充实的生活。

玻璃心境：脆弱如影随形

在生活的舞台上，每个人都会有脆弱的瞬间。然而，对于玻璃心的人来说，脆弱成了他们生活的日常。他们习惯将问题归咎于自身，而非客观地审视外部因素。这种过度自责的心态，像是一个无形的旋涡，将他们卷入无尽的自我怀疑与痛苦之中。他们难以从中抽身，更难以在困境中找到出路。这种玻璃心的脆弱，不仅阻碍了他们的成长，更让他们在人际交往中显得小心翼翼，难以真正展现自我。

与玻璃心者交往：就事论事

玻璃心的人往往容易过度解读他人的想法，时刻在意他人的看法，使得他们在人际交往中显得敏感而脆弱。面对这样的人，我们应秉持就事论事的原则，避免给他们过多的解读空间。不要随意猜测他们的心思，而是应该直接沟通、明确表达。同时，也要尊重他们的感受，避免使用可能触发他们敏感点的言辞。通过理解和包容，我们可以帮助他们逐渐走出脆弱敏感的心境，建立更加健康的人际关系。

跨越玻璃心境：正视评价与挫折

玻璃心的人常常因过度在意他人评价、难以面对挫折而显得消极被动。为了克服这一心境，他们需要学会正视外界的评价与遭遇的挫折。所以，不要过分在意他人的看法，而是从中汲取有益的建议，不断完善自己。通过客观地接受外界反馈，玻璃心的人可以逐渐培养起坚韧的心态，激发内在的主动性和积极性，迎接更大的挑战。

有这样一个年轻人，他的职业生涯似乎总是波折不断，频繁更换工作，却常常是被动离职。他习惯于将问题归咎于他人，每当融入新的工作环境，便开始对前同事和前领导进行抱怨。因此，同事们与他保持距离，不愿与他深交。

他对物质生活的追求异常敏感，总是对同事们的高档物品心生嫉妒。面对老板的表扬，他非但没有感到高兴，反而心生不满。他似乎总是难以看到生活的美好，也无法接受别人比自己过得更好。

他总认为自己在职场上遭遇的不如意，是因为自己太过真诚、太过善良，却从未深入反思自身的问题。他的内心脆弱且敏感，当朋友们晒出新车时，他认为朋友在炫耀财富；当朋友们分享恋情时，他则认为是在故意秀恩爱；当朋友们与他人一同旅游时，他更是觉得被朋友所抛弃。然而，这一切只是因为他内心缺乏自信，才会对朋友们的正常分享行为产生如此敏感的反应。

内心脆弱与依赖：烦恼之源

人的烦恼，往往源自内心的脆弱。很多时候，我们太过在乎他人对我们的看法，甚至用外界的评论来界定自己的价值。这种过度依赖外界认可的心态，不仅让我们失去了内心的坚定，更容易在他人的一言一行中受伤。真正的强大并非源于外界的赞美或贬低，而是建立在内心的平静与自信之上。我们应当学会聆听自己内心的声音，不被外界的纷扰所动摇，以真实的自我面对世界，才能真正摆脱烦恼的枷锁。

勿贪便宜，天下没有免费的午餐

天下没有免费的午餐，想要成功，只能靠自己的辛勤劳动。想要得到什么，就得付出相应的努力。别想着不劳而获，也别指望天上掉馅饼。别偷懒，别侥幸，只有实实在在地努力，才能换来真正的成功。

免费的东西，往往隐藏着更高的代价。贪图一时小利，可能会付出更大的成本。因为免费，我们可能会失去珍贵的时间、精力，甚至尊严。从长远来看，真正的价值来自付出努力和智慧后所获得的成果。世界上没有免费的午餐，每一个选择都伴随着代价，要慎重权衡，避免盲目追求表面的免费。

贪图免费的东西，往往会付出更大的代价。看似轻松得来的东西，实则隐藏着沉重的负担。免费的午餐，可能是时间的消耗、精力的浪费，甚至未来的困境。明智之人，懂得权衡利弊，不轻易被免费所迷惑，以免付出更大的代价。

很久以前，有个擅于治理国家的君王。在他的带领下，百姓们过得特别开心，生活也很富裕。但是，国王担心他去世后，百姓们不能继续过好日子。

于是，国王找来了一群特别聪明的人，想让他们帮忙想个办法，让百姓们永远都过得幸福。这些聪明人努力了很久，最后编成了一本很厚的书给国王。他们说：“这本书里都是智慧，百姓们照着做，就能过得很好。”

可是，国王觉得这书太厚了，百姓们怎么可能都看完呢？于是，他让这群聪明人继续想办法。经过好长一段时间，他们终于把那本书简化成一句话，写在了一张纸上。国王看了那句话，想了好久，终于笑了。他说：“这句话说得太好了！百姓们如果能明白这个道理，就不用担心不幸福了。”于是，君王重重地奖赏了这群聪明人。那张纸上究竟写了什么呢？其实只有一句话：“天下没有免费的午餐”。

免费的午餐：甜蜜的陷阱

生活中，免费的午餐看似诱人，实则犹如隐藏在美丽包装下的毒果。许多人被其表面的“免费”所迷惑，盲目接受，却忽视了背后隐藏的风险与代价。这种看似不劳而获的午餐，往往是商家精心设计的营销手段，或者是别有用心者设置的陷阱。我们必须时刻保持警惕，用理性的眼光审视周围的一切，不被表面的诱惑所蒙蔽。真正的收获和成功，从来都不是轻易得来的，它们需要我们付出辛勤的努力和汗水。我们应该摒弃对免费午餐的幻想，脚踏实地，用自己的双手和智慧去创造属于自己的成功。

勤奋铸就辉煌：付出才有收获

勤奋是通往成功的唯一捷径，它没有替代品。在这个世界上，没有不劳而获的奇迹，只有脚踏实地地付出，才能换来丰硕的成果。勤奋的力量在于它让我们明白，成功不是偶然的产物，而是必然的结果。当我们用勤奋的汗水浇灌梦想时，梦想就会生根发芽、茁壮成长；当我们用智慧的火花点燃希望时，希望就会燃烧成熊熊烈火，照亮前行的道路。我们不应幻想轻松获得一切，更不应沉溺于免费的午餐。真正的成就，来自日复一日地勤奋与坚持。

勤奋进取，行动胜于空谈

勤奋进取，不仅是一种精神追求，更是人们落实于行动中的坚定步伐。它代表着对梦想的执着、对目标的坚持以及对未来的不懈追求。在这个快速发展的时代，懒惰只会让我们错失机会，让梦想渐行渐远。勤奋进取，则是我们抓住机遇、实现梦想的关键。勤奋进取不是空洞的口号，而是需要我们付诸实践的行动。它要求我们在每一个细微之处都保持专注和努力，不断提升自己的能力和素质。只有这样，我们才能在激烈的竞争中脱颖而出，赢得属于自己的成就和荣誉。

洛克菲勒以其独特的智慧，告诫子女们勤奋是成功的关键。他强调，虽然成功的要素众多，比如知识的积累、积极的态度和自信的心态等，但勤奋是不可忽视的重要一环。他深知，勤奋不仅是通往成功的阶梯，更是塑造个人品格、提升能力的必经之路。

洛克菲勒从小便勤奋自律，通过不懈的努力取得了优异的成绩。他相信，只有付出辛勤的汗水，才能收获满满的果实。他用自己的经历告诉子女们，无论出身如何，只要勤奋努力、持之以恒，就一定能够创造出属于自己的辉煌。

在洛克菲勒看来，勤奋不仅能够带来物质上的成功，更能锻炼人的意志和毅力。他在工作中勤奋拼搏，赢得了同事和老板的赞誉，也为自己积累了宝贵的人生经验。他坚信，只要用心去做每一件事，付出足够的努力，就一定能够迎来美好的未来。

陌生人无故给予的好处，背后往往隐藏巨大的陷阱

生活中，我们有时会遇到陌生人无故给予好处的情况。面对这样的“免费午餐”，我们必须保持高度的警惕，因为这背后很可能隐藏着巨大的陷阱。这些陷阱可能涉及金钱、个人信息，甚至是人身安全，一旦我们放松警惕，就可能陷入其中，遭受巨大的损失。当陌生人向我们伸出援手时，我们必须保持清醒的头脑，不要轻易被表面的好处所迷惑。同时，我们也要学会拒绝那些看似诱人的“免费午餐”，以免陷入麻烦和危险之中。

空杯心态，适时清零才能继续前进

人生如逆旅，时而风平浪静，时而波涛汹涌。无论我们曾站在多高的山峰，还是跌入多深的谷底，都应怀抱归零的心态，拥有从头开始的决心。因为每一次的结束，都是新的开始。过去的荣耀或挫折，都已成为过眼云烟，重要的是珍惜当下，把握未来。

做人应秉持空杯心态，即在心灵的容器中清空旧有的观念和固执，让内心恢复清明与纯净。学会放下，不是对过去的否定，而是对未来更美好的期待。勇敢前行，即使面对未知和困难，也要怀揣信念和勇气，不断探索，勇敢前行。拥有空杯心态，我们便能以更宽广的视野看待世界，以更开放的心态拥抱生活，不断超越自我，书写新的精彩人生。

过去的成绩如同沉重的包袱，阻碍我们前行的步伐。要想迈向更高的峰巅，我们必须适时放下这些胜利的包袱，让心灵得到释放。只有轻装上阵，我们才能勇往直前，迎接新的挑战，创造更加辉煌的未来。

古时候有一位精通佛理的学者，他自信满满地踏上了拜访一位知名老禅师的旅程。这位学者的傲气在见到老禅师的徒弟时便显露无遗，他心中暗自思忖：我在佛学上的造诣很深，你又岂能与我并肩论道？

然而，令那位学者感到惊诧的是，老禅师亲自出面，以无比谦逊的态度接待了他。老禅师亲手为学者沏茶，而在倒茶的过程中，令人惊讶的事情发生了：茶杯明明已满，老禅师却仍继续倾倒，茶水溢出，洒满了桌面。

学者不解地问道："大师，茶杯已满，为何您仍继续倒茶？"老禅师微微一笑，反问道："既然满了，又何须再添水呢？"此言一出，学者恍然大悟，原来老禅师是在提醒他：学问再深，也须保持一颗谦逊的心，方能不断汲取新知。他顿时感到羞愧难当，连忙向老禅师叩谢并悔过自新。

清零过往，轻装前行

真正优秀的人，深知成绩只是过去式，他们不会沉湎于昔日的荣光中。在他们眼中，每一次的成功都只是一个起点，而不是终点。他们时刻保持着谦虚的心态，时刻警醒自己不要被过去的成绩所迷惑。他们懂得，时常清零自己，是为了更好地轻装上阵，迎接未来的挑战。他们不断汲取新知识，提升自我，以更加饱满的热情和坚定的决心，向着更高的目标迈进。这种清零与进取的精神，正是他们走向成功的关键所在。

强者无惧过往，洒脱前行

强者，是那些能够从容面对自己曾经历过的苦难的人。他们深知，过去的磨难只是生命旅程中的一部分，是塑造他们坚韧性格的砥砺石。因此，他们不会让过去的阴影成为前行的包袱，而是选择将其化作前进的动力。面对苦难，强者不会自怜自艾，更不会将其视为绊脚石。相反，他们勇敢地正视过去，从中汲取教训，积累经验。他们明白，只有真正释放掉过去的包袱，才能轻装上阵，迎接未来的挑战。强者之所以强，不仅在于他们拥有坚韧不拔的意志，更在于他们拥有超越苦难、勇往直前的勇气。

清零过往，谦卑前行

人生如同一场长途跋涉，需要不断地清零过往，轻装前行。我们每个人都背负着过去的经验和记忆，但过多的包袱会让我们步履维艰。因此，学会清零，是我们在人生路上不可或缺的智慧。清零，并非意味着忘记过去，而是要将过去的经验和教训转化为前行的动力。我们要勇敢地面对自己的过去，正视曾经的错误和失败，从中汲取教训，不断成长。同时，我们也要敢于放下过去的荣光，不被成绩所束缚，以全新的姿态迎接未来的挑战。

在一个月色朦胧的夜晚，一群牧人正准备搭起帐篷休息。突然，一束光洒满草原。他们知道神迹降临，于是满怀期待，希望能从神那里获得改变命运的奥秘。

然而，神传来了一个令人费解的指令：“拾取鹅卵石，填满你们的行囊。明日再行一日，你们将体验到欢乐与遗憾。”牧人们失望困惑，原以为神会赐予财富和力量，却不料只是让他们捡鹅卵石。尽管不解，他们还是照做。次日夜晚，他们惊讶地发现鹅卵石变成了钻石。他们为这意外的收获而喜悦，同时也为当初没有多捡一些鹅卵石而懊悔不已。

这个故事告诉我们，在生活中，我们应该像捡拾鹅卵石一样，不断积累知识和技能。只要我们保持空杯心态，不断学习和进步，我们才能在未来收获满满的成果，进而实现自己的梦想。

空杯心态：清空过往，迎接新生

在人生的道路上，我们常常背负着过去的经验和成就，难以摆脱它们的影响。然而，真正的成长与进步需要我们以一颗“空杯”的心去接受新的知识和观点。空杯心态，是一种勇于清空过往、勇于接受新知的态度。它要求我们放下过去的荣耀和失败，像一个空杯子一样，随时准备接纳新的内容。要培养空杯心态，我们需要保持一颗谦虚的心。谦虚让我们能够正视自己的不足，不断学习和进步。同时，我们还需要保持开放的心态，积极接纳不同的观点和意见。只有这样，我们才能真正拓宽自己的视野，丰富自己的内涵。

人贵有自知之明，切勿高估自己

我们生活在一个纷繁复杂的世界里，与他人交往的过程中，我们或许能轻易地评判他人，但往往难以深入了解自己。自我认知如同一面镜子，需要我们有足够的勇气去面对现实，去审视内心的每一个角落。只有当我们深刻了解自己的优点与不足，才能不断地提升自我。

一个人若总是抱怨怀才不遇，那是因为他缺乏自知之明。他总觉得这个世界与自己作对，却未曾深入反思自身。才华固然重要，但若无清晰的自我认知，才华也不过是空中楼阁。真正的智者，会正视自己的不足，勇于改进，而不是一味埋怨外界。人生如同一场修行，需要我们不断审视内心，提升自我。只有当我们真正了解自己，才能找到与世界和谐共处之道，实现人生的价值。

正确看待自己，既不盲目自大，也不妄自菲薄。我们应客观地审视自己的长处与短处，既不过度夸大自己的能力，也不轻易否定自己的价值。只有以平和的心态看待自我，才能准确定位，稳步前行，成就更好的自己。

在纪伯伦的笔下，一只狐狸的觅食经历让人深思。那只狐狸，在早上的微光中，看到自己的影子拉得长长的，仿佛无所不能，于是它雄心勃勃地宣称：“今日，我要捕获一头骆驼，作为我的美餐！”然而，随着太阳的升高，阳光逐渐变得炽热，狐狸的影子在烈日下也变得越来越短小。它再次审视自己，竟然感叹：“唉，或许我只适合抓一只小老鼠。”

狐狸的自我评价之所以有如此大的变化，完全是因为它选择了不同的“参照物”——早上的微光和正午的烈日。早上的微光让它的影子显得庞大，使它误以为自己是万兽之王；正午的烈日则让它的影子变得矮小，使它自卑不已。

这个故事告诉我们，不要被外界的幻象所迷惑。我们要有自知之明和正确的自我认知。只有这样，我们才能保持内外一致，不被虚荣和面子所左右。

聪明需慎用，自知才是明智之本

每个人都希望自己聪明有智慧，它如同锋利的宝剑，既能披荆斩棘，也能误伤自己。聪明若被滥用，则可能带来负面影响。人贵有自知之明，聪明之人更应如此。我们要明智地使用聪明，将其用在正确的地方，而不是被聪明蒙蔽了双眼，忽视了自身的局限和不足。只有认清自己的长处和短处，才能真正发挥聪明才智，实现自我价值。

自知之明的探索之旅

自知之明并非一蹴而就，而是经历风雨、结识百态后逐渐形成的智慧之光。这一探索之旅可以分为四个阶段，它们分别是初闭、迷茫、沉思与觉醒。初闭，是乐章的起始，我们或许因无知而封闭自我，难以窥见自己真实的内心。迷茫，是旋律的转折，面对世界的纷繁复杂，我们或许会迷失方向，对自我产生困惑。沉思，是乐章的高潮，我们开始反思、审视，逐渐揭开自我之谜。觉醒，是乐曲的终章，我们终于了解自我，拥有自知之明，奏响人生的最强音。

解锁自我之谜：提升自我认知新路径

探索内心，解锁自我之谜，是每个人成长路上的必修课。提升自我认知，便是这趟旅程的关键所在。首先，我们需要学会反思与自省。每日审视自己的行为和思想，是提升自我认知的关键。同时，我们也应该保持开放的心态，多倾听他人的意见和建议，以便更全面地认识自己。其次，通过学习和阅读，我们可以汲取更多的知识和智慧，拓宽自己的视野和思维方式。最后，勇于实践，挑战自我极限。通过实践锻炼能力，发掘潜能，更全面地认识自己的优点与短板。

在历史长河中，流传着一些令人扼腕叹息的故事，其中杨修的命运尤为引人深思。身为曹操的重要谋士，杨修一度因其卓越的才智在曹操的阵营中崭露头角。然而，这份才智最终成为他生命中的致命毒药。

在汉中之战的紧张时刻，曹操因战局不利而心生退意，随口提及“鸡肋”二字。杨修却误将其解读为撤军的信号，擅自下令全军准备撤离。这一举动彻底激怒了曹操，认为杨修扰乱军心，下令将其处死。

杨修的聪明才智，似乎总是将他推向危险的边缘。他曾解读出曹操造园时留下的“活”字之谜，却又因擅自解读曹操的“一合酥”之意而触怒了曹操。他的聪明让曹操既欣赏又忌惮，最终决定除去这个潜在的威胁。

杨修的才智过于出众，招来了曹操的忌惮。他的聪明，最终成为他生命的终结符。杨修的故事给我们留下了深刻的警示：聪明需慎用，懂得适时收敛，才能避免悲剧的发生。

大智若愚：聪明人的自知之明

在纷繁复杂的世界里，聪明人往往更容易成为众人瞩目的焦点。然而，真正的智慧并非炫耀于外，而是深藏于心。大智若愚，便是聪明人应有的自知之明。聪明人深知自己的长处与短处，他们不会因一时的得意而忘形，也不会因短暂的失意而气馁。拥有自知之明的聪明人，懂得收敛自己的锋芒。他们明白，过度的显露只会让自己陷入孤立无援的境地。相反，他们更愿意以平和的心态面对生活，用智慧去化解矛盾，用包容去接纳不同。

主场思维，掌握主动权才能制胜

掌握主动权，意味着在生活的舞台上占据有利位置，它是成功的秘诀，更是智慧的体现。在生活的各个领域，无论是学习、工作还是人际关系，只有掌握了主动权，我们才能在激烈竞争的社会中脱颖而出，取得最终的胜利。

在做任何事情之前，周全的考虑至关重要。只有深入细致地分析各种可能的情况和因素，我们才能确保自己掌握主动权，从而占据有利的条件。这样，当面对挑战和困难时，我们就能更加从容不迫地应对，有效地解决问题。同时，周全的考虑也有助于我们预见潜在的风险，提前制定应对策略，避免在这一过程中陷入被动。无论是处理日常事务还是面对重大决策，我们都应该始终保持清醒的头脑，审慎思考，确保在行动之前已经做好充分的准备。

一个人最大的主场优势，便是拥有一颗主场思维之心。它让个体在主场环境中如鱼得水，自信从容。这种思维不仅给人带来心理上的优势，更能激发潜能，使人们在关键时刻展现出非凡的智慧与勇气，从而赢得胜利。

虽然齐桓公威震四方，但他的后代无能，国家逐渐走向衰落。此时，燕国乘虚而入，大军直逼齐国都城临淄。田单，这位曾经的贵族，流亡到即墨，下定决心要重振国家，赶走外敌。

田单与士兵们同甘共苦，共同筑牢防线，甚至将家族亲眷也召入军中。他巧妙地利用燕国的内部矛盾，散布谣言，使燕王误信乐毅有反意，用平庸的骑劫代替了他的位置，田单心中暗自欣喜。他又借助士兵们的信仰，宣称有神灵庇佑，齐国必将复兴。他选拔一名机敏的士兵，假扮神使，每逢决策必先向其请教，使命令更具权威。同时，他号召百姓虔诚祭祖，祈求神灵保佑。城外燕军听闻此事，心生畏惧。

田单见时机已到，精心策划火牛阵，挑选精锐士兵。夜深人静时，他一声令下，全军奋勇冲杀敌营，大败燕军。随后，他乘胜追击，一举收复失地。齐襄王对其功绩大加赞赏，封其为安平君。田单以智勇与谋略，使齐国重现辉煌，成为一代传奇英雄。

主场大展拳脚，客场冒险征途

在生活中，主场与客场交替出现，成为我们人生中的两道风景线。主场如同自家的舒适圈，让我们大展拳脚，自信满满。客场则是一片未知的领

域，充满挑战与机遇，需要我们踏上冒险的征途，去追寻更广阔的天地。在舒适圈中，我们如鱼得水，游刃有余。但过度的安逸也可能让我们失去进取心。因此，我们要珍惜主场带来的优势，同时也要保持警惕，不断挑战自我，实现更高的成就。而到了客场，我们将面临全新的环境和挑战。这时，我们需要学会适应变化，抓住机遇，将挑战转化为成长的动力。

实力破局，客场逆袭

真正强大的人，不受主场优势所限，更能在客场劣势中，凭借一己之力，赢得最终的胜利。客场往往是困难与考验的代名词，但对他们而言，这不过是展现自身实力的舞台。真正的强者，不关心环境的好坏，而在乎自身的实力与坚韧。无论面对多大的困难，强者都能凭借出色的实力，最终逆袭成功。真正强大的人，他们不受环境所限，只凭实力说话。在客场中，他们也能称王，展现出自己的风采。他们的成功，不仅是对自身实力的最好证明，更是对勇于挑战、敢于逆袭精神的最好诠释。

塑造主场心态，释放自我潜能

尽管我们并非生而拥有主场的光环，但我们可以主动塑造一种主场心态，从而释放内心深处的无限潜能。主场心态，是一种内在的自信和坚定，它让我们在各种环境中都能保持冷静与从容，将被动变为主动。拥有这种心态的人，不依赖外在的优势，而是凭借内心的力量，去征服每一个未知的挑战。要塑造主场心态，我们需要学会调整自己的思维方式，敢于突破自我，追求更高的目标。同时，我们还要保持一颗谦虚的心，不断汲取新知识，提升自己的能力。

五代十国时期，英雄辈出，战争频发。其中，六合之战以其独特的以少胜多战术，成为历史上的传奇之战。公元956年，后周赵匡胤以两千精兵对抗南唐两万大军，面对悬殊的兵力对比，他展现了非凡的智慧和勇气。

赵匡胤巧妙利用地形修筑防御工事，同时派出轻骑兵打游击战，消耗敌军力量。南唐军队虽人数众多，但战术呆板，最终陷入被动。赵匡胤果断抓住战机，率敢死队冲锋，成功击溃敌军防线。战后，南唐主李璟求和，割让长江以北地区。

此战的成功不仅体现了赵匡胤的军事才能和领导智慧，更彰显了后周军队的英勇与团结。这场逆袭之战告诉世人，战争中化客场劣势为主场优势、善于利用敌人弱点的重要性。同时，它也展现了五代十国时期战争的特点，即不仅是兵力的较量，更是智勇的较量。

六合之战不仅改变了五代十国的政治格局，也为宋朝的建立创造了条件。赵匡胤的英勇表现赢得了后周世宗的信任和尊重，为他日后建立宋朝奠定了基础。这场战斗成为中国军事史上的经典，其影响深远而持久。

胆识双驱，创造机遇尽在掌控

在激烈的竞争中，懂得创造有利条件，是逆转劣势、赢得胜利的关键。通过深入洞察与精准策划，我们不仅能够提升自身实力，更能让对手陷入被动。然而，仅有创造优势的能力是不够的，做事还需有胆有识，敢于冒险，敢于挑战。胆识意味着在关键时刻能够果断决策，不畏艰难，勇往直前。只要拥有足够的胆识，我们才能在竞争中把握先机，抢占制高点。同时，把握先机同样重要。机会稍纵即逝，只有敏锐地捕捉并果断地把握，才能将优势转化为胜势。

第四章

游刃有余，让人际沟通破局

人际沟通是一门需要技巧的学问，只有掌握了恰当的方法，才能打破僵局，实现心灵的共鸣。在与人交流中，我们要以开放的心态去倾听，以真诚的态度去表达，善于捕捉对方的情感变化，理解对方的需求。同时，我们也要勇于表达自己的想法，让对话更加深入。只有这样，我们才能在人际沟通的舞台上做到游刃有余，取得更好的效果。

控制好你的情绪，切记冲动是魔鬼

观察一个人的自律性，重点在于其情绪掌控的能力。自律性强的人，无论面对何种情绪起伏，都能保持冷静与理智，不被情绪左右。他们擅长调整心态，即使在遭遇挑战与困境时，也能保持内心的平和，坚守原则，始终坚定地追求目标。这种情绪的稳定与自我控制，正是其自律性的重要表现。

情绪，就像变幻莫测的天气，时而晴空万里，时而乌云密布。而我们就如同在风雨中前行的旅人，必须学会驾驭自己的情绪，才能真正掌握自己的命运。当情绪高涨时，我们不可被冲昏头脑，要冷静分析，保持清醒；当情绪低落时，我们也不能沉溺其中，要积极调整，重新出发。掌控情绪，既是对自我能力的挑战，也是对人生智慧的考验。只有真正掌握情绪之舵，我们才能驾驶生活的航船，驶向更加美好的明天。

生活中的琐碎事务时常让我们觉得疲惫不堪，其实，问题并不在于事情本身多么烦琐，而是我们的情绪在其中起到了推波助澜的作用。如果我们能学会用平和的心态去面对生活中的挑战和困难，那么许多看似复杂的问题都会变得简单起来。因此，让我们调整好自己的情绪，以更加积极的心态去迎接生活中的每一次挑战。

曾经有个小男孩儿，脾气火暴，稍有不如意就大发雷霆。为了帮助他控制情绪，父亲递给他一包钉子，并让他每次生气时就在木头储物柜上钉一颗。起初，那储物柜上布满了密密麻麻的钉子，小男孩儿看着那些痕迹，内心充满了懊悔。渐渐地，他意识到愤怒正在破坏储物柜，于是开始尝试调整自己火暴的脾气。随着时间的推移，他钉的钉子越来越少，最终成功控制了自己的情绪。

父亲见他改变了，便告诉他，若能一整天不发脾气，就可以拔掉一颗钉子。经过不懈的努力，他终于将钉子全部拔去。但父亲指着满是伤痕的储物柜说："孩子，这些痕迹无法抹去，就像人们受伤的心，一旦受伤，就难以愈合。"小男孩儿听后，深有感触地点了点头，他明白了控制情绪的重要性，也懂得了尊重和善待他人的可贵。从此，他努力成为一个平和的人，处处受到欢迎。

情绪失控之源：心智与心胸的局限

有时候，我们难以掌控自己的情绪，背后其实隐藏着深层次的原因。首要的便是心智尚未成熟。当我们的心智还停留在稚嫩阶段，面对外界的风吹草动，情绪就像脱缰的野马一样难以驾驭。另外，心胸狭窄也是导致情绪失控的重要因素。一个心胸宽广的人，能够包容更多的不如意，用理解和宽容的心态去面对生活中的种种挑战。而心胸狭窄的人，常常在微不足道的小事上斤斤计较，让负面情绪在心中蔓延。

冷静应对，智取挑战

人生路上，坎坷不断，每遇风波，就需及时调整情绪，稳住阵脚。情绪平稳，方能洞悉真相，找到解决问题的钥匙。适时放手是一种智慧。有些事情，我们或许无法掌控，强求只会让自己陷入更深的困境中。学会放手，不仅是对自己的解脱，也是对未来的期待。只有卸下过去的包袱，我们才能轻装上阵，迎接新的挑战。接下来，便是思考对策的时刻。每一种困难都有它的解决办法，关键在于我们是否愿意用心去寻找。通过深入思考，我们可以找到问题的根源，从而制订出有效的解决方案。

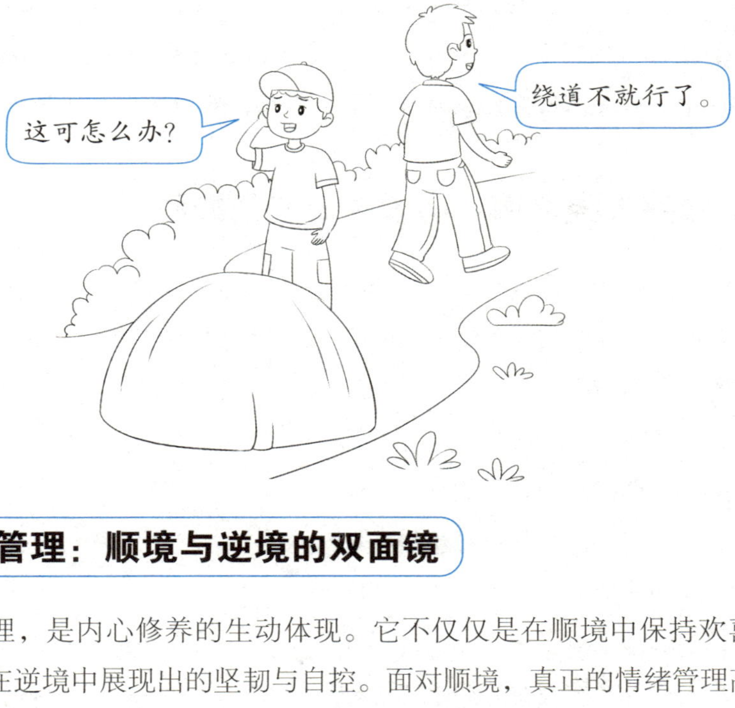

情绪管理：顺境与逆境的双面镜

情绪管理，是内心修养的生动体现。它不仅仅是在顺境中保持欢喜与平和，更是在逆境中展现出的坚韧与自控。面对顺境，真正的情绪管理高手能够保持谦逊，不因得意而忘形，深知成功需要冷静与清醒的头脑。而在逆境中，能够迅速调整心态，将挫折转化为动力的人，才是真正的强者。他们不畏困难，用智慧和勇气面对挑战，书写着人生的精彩篇章。情绪管理，不仅是一种技巧，更是一种生活态度，它让我们在人生的道路上更加从容与淡定，不断前行，追求更高的境界。

在英格兰的一个古村落中，有位年长的贵族，财富丰厚却无子嗣，急需寻找继承人。消息传开后，许多孩子纷纷表示愿意。

不久，老者收到众多来信。一日清晨，三名少年被召至府邸。首先是埃文，他被带入一间华美的房间。仆人离去后，他被珍宝吸引，误触机关，羽毛纷飞，错已铸成。

接着是诺亚，房间摆满葡萄。他起初抗拒，但终究难抵诱惑，偷吃一颗后心生悔意，却又觉得无碍。再次伸手时，吃到辣椒，眼泪直流，同样失败。

最后是艾登，他性格沉稳，面对美食和玩具都不为所动。半小时后，他赢得老者的赞赏，成为继承人。此后，他忠心服侍，直到老者离世。临终前，老者将财产留给了这位心性坚韧的少年。艾登的沉稳与坚守，终于让他赢得了这份厚重的责任与荣耀。

情绪自律，铸就成功之路

在人生的道路上，我们时常会面临各种利益的诱惑，有时甚至会因此失去判断力，走向错误的道路。然而，真正的成功者，往往能够掌控自己的情绪，做情绪的主人，以强大的自律面对各种诱惑。我们要明白，情绪是一把双刃剑，既能激励我们前进，也能让我们陷入困境。我们要学会调控情绪，让理性主导决策。当面对利益诱惑时，我们要保持冷静，理性分析，不被眼前的利益所迷惑。只有成为情绪的主人，我们方能稳步前行，铸就属于自己的辉煌。

拒绝讨好，你无法令所有人满意

我们无需费尽心思去讨好每个人，因为人人都有自己的观点和喜好，不可能让所有人都满意。不必强求所有人都懂你，因为真正的知己，自然会懂你。

人生路上，无需强求事事周全，因为完美无缺只是空中楼阁。我们不必为了取悦他人而迷失自我，真正的价值在于坚守内心的真诚与个性。每个人都有自己的闪光之处，只要勇敢展现，就能找到属于自己的天地。所以，不必过分在乎他人的眼光，只需坚定步伐，活出属于自己的精彩。

过度讨好他人，是世上最无意义的内耗。我们无需为迎合他人而牺牲自己，真正的尊重源于内心的坚定与自信。与其盲目取悦他人，不如专注自我成长。放下讨好，拥抱真我，方能收获真正的认可与尊重。

毕业后，林雨便进入了一家知名的企业。她工作勤勉，总是乐于伸出援手。每当得到他人的善意回应时，她都会满心欢喜；而一旦察觉到不满的眼神，她便会陷入深深的自责。在公司的每一天，她都过得异常疲惫，生怕自己的表现稍有差池便会让他人失望。然而，尽管她如此努力地去迎合大家的期待，却并没有得到应有的回报。许多人甚至觉得她的付出是理所应当的，开始将一些额外的工作交给她。因为她总是默默承受，所以大家都觉得心安理得。

渐渐地，林雨感到心力交瘁，最终决定离开这家公司。于是，在新的工作岗位上，她吸取了过去的教训，不再刻意去迎合别人，只专注于做好自己的本职工作，也不再过分在意他人的评价。慢慢地，她凭借自己的实力和态度，赢得了同事们的尊重和认可。

悦己优于悦人，自爱方显价值

生活中，我们总是习惯性地去迎合他人，却忘记了最重要的东西——珍爱自己。真正的幸福，不是来自他人的赞许，而是源于内心的满足与喜悦。与其费尽心思去取悦别人，不如用心珍爱自己，发掘自身的潜力与价值。当我们真正爱自己，珍视自己时，自然就会散发出独特的光芒，让他人看到我们的存在和价值。不要总是迎合他人的期待，要勇敢地做自己。

拥抱不完美，悦己更精彩

我们总是渴望完美，但真正的自我包含着优点与缺点。悦己，不是仅仅欣赏自己的闪光之处，更是要勇敢地接受自己的不完美。因为正是这些所谓的“不足”，塑造了我们独特的个性与魅力。接受自己的缺点，不是妥协，而是一种成长。它让我们更加真实、更加深刻地理解自己。当我们学会放下对完美的执着，才能真正地爱自己。拥抱不完美，不是自我放纵，而是一种智慧。它让我们明白，真正的强大不是没有缺点，而是能够勇敢地面对并接纳自己的缺点。

珍视自己，爱己为先

在这个纷繁复杂的世界里，我们总是被各种琐事和责任牵绊，往往忽略了对自己的关爱。然而，真正的幸福并非来自外界的赞誉和成就，而是源于内心的满足与安宁。我们要学会珍视自己，将更多的精力投入爱自己之中。爱己，不是自私的表现，而是对自己生命的尊重和呵护。爱己，更是一种投资。它让我们拥有更多的能量去面对生活的苦难和挑战，让我们在困境中保持坚韧和乐观。当我们真正爱自己时，便会散发出独特的光芒，吸引更多的美好和幸福。

一名农夫带着儿子，牵着毛驴，打算去邻村的市集把毛驴卖掉。路上，一群姑娘看见了，其中一个笑着说："看那个人真蠢，有驴不骑。"农夫一听，忙叫儿子骑上驴背，自己跟在后面。可是，没走多远，他们遇到了一群老者，他们议论道："看看那老人家，真是可怜，儿子骑着驴，他却得走路。"农夫一听，忙让儿子下来，自己骑了上去。又走了一段路，他们碰到了一群妇女。妇女们七嘴八舌地说："这老头儿太坏了，自己骑驴却让孩子走路。"农夫听了，只好又叫儿子也骑上来。

快到市集时，一个城里人突然大叫："天哪，你们看这头驴多惨，要驮两个人。"旁边一人说："你们这样骑驴真是少见，我看你俩还是抬着它走吧。"农夫和儿子一听，急忙下驴，手忙脚乱地用绳子绑住驴腿，找了根木棍抬起驴来。可是，当他们想过市集入口的小桥时，驴子受惊挣脱，掉进了河里。农夫和儿子气得要命，只好空手回家。

坚守自我，不畏人言

生活中，我们总会听到各种各样的声音，有赞美，有批评，有建议，有指责。但无论外界如何喧嚣，我们都应坚守自己的立场，不为他人的话语所动。我们不可能让每个人都满意，因为每个人的想法和观点都不同。如果一味迎合他人，我们就会失去自我，变得无所适从。因此，我们要有自己的判断和选择，坚持自己的信念和价值观。但这并不意味着我们要完全忽视他人的意见。相反，我们应该善于倾听，从中汲取有益的建议，以此来完善自己。但最终的决策，还是要基于我们自己的实际情况和内心需求。

丢掉以自我为中心，学会换位思考

人生之初，我们以自我为中心，世界仿佛围绕我们旋转。然而，成长之路是一条去中心化的旅程。我们逐渐学会倾听、理解他人，不再固执己见，而是在与世界的互动中，找到自我与他人和谐共处的平衡点。

过度地以自我为中心，就如同筑起一座孤堡，将自我与周围的世界隔绝开来。在旁人的眼中，这样的举止无疑显得极其无礼，因为他毫不顾及对方的情绪和需求。真正的成长与修养，在于坚守自我的同时，亦能给予他人关心和理解。只有当我们打破以自我为中心的桎梏，才能更好地融入社会大家庭，与他人携手前行。

在交流时，切勿一味以自我为中心，否则真正的倾听将成为空谈，想要的沟通效果也难以达成。有效的沟通，需要我们心怀他人，认真聆听，深入理解对方的意图。只有这样，我们才能达成真正的共识，实现沟通的最终目标。

近日，赵雷意外失去了工作。同事们对此并不感到惊讶，因为赵雷的人际关系一直紧张，难以与同事们相处融洽。赵雷的沟通方式总让人难以接受。每当同事向他寻求建议时，他总冷漠回应。新员工向他请教问题，他则不客气地拒绝，言辞尖刻，态度冷漠。

上周，公司接手了一个紧急的项目，大家都忙得不可开交。某日，一位同事请赵雷协助完成一项工作，赵雷却以疲惫为由，怒气冲冲地说："为何又是我？天天加班又不给加班费。"同事解释说是领导安排的，赵雷却冷漠地说："你愿意做就做，反正我不在乎。"这种态度最终让他成了公司第一个被开除的员工。

赵雷的问题在于沟通方式不当。他言辞刻薄，态度冷漠，让人难以接受。在职场中，良好的沟通至关重要。赵雷因此失去了工作，警示我们要注重沟通方式，避免造成不必要的损失。

不懂换位思考，难以亲近他人

在这个社会中，我们得承认，那些不懂得换位思考的人，往往难以与他人建立真正的亲密关系。换位思考，本应是我们与人交往中的一项基本技能。但有些人总是习惯性地以自我为中心，只关注自己的感受和利益，对别人的想法和需求漠不关心。这样的行为，自然会让人心生隔阂，难以产生真正的亲近感。真正的交往，应该是建立在相互理解和尊重的基础之上的。我们需要学会从对方的角度去思考问题，去理解对方的情感和需求。只有这样，我们才能更好地理解他人，建立起真正的信任和友谊。

沟通之道：关注他人，避免过度自我

每个人内心深处都渴望得到他人的关注与理解，这是人之常情。然而，在与他人的沟通中，过度以自我为中心往往会导致误解与隔阂。真正的沟通，应当是一场心灵的交融。在与人沟通的过程中，我们应当放下自我，细心聆听他人的声音，感受他们的需求与期待。只有当我们真正关注他人的内心世界时，才能建立起深厚的信任与理解。另外，不妨多问问对方的想法，多关心对方的生活。这样的沟通，不仅能够拉近彼此的距离，更能让我们的生活充满爱与和谐。

沟通之道：用理解与包容铺路

交往沟通的精髓在于理解与体谅。当我们从对方的角度审视世界，那些原本看似难以理解的行为与情感，便变得清晰起来。理解，让我们看到了不同的世界，感受到了不同的情感；而包容，则让我们接受了这些差异，让心灵之间的隔阂逐渐消除。沟通时，我们应避免习惯性地以自我为中心，去听听对方怎么说，去感受他们的情绪和想法。当我们真正站在对方的角度去理解其处境和感受，便能更好地与对方产生共鸣，建立深厚的情感基础。

陈浩和王刚曾经是同学，两人交情匪浅。最近，陈浩致电王刚，说起了他妹妹找工作的事情。陈浩的妹妹毕业也有一段时间了，却迟迟未能找到合适的工作，陈浩希望王刚能在他的公司里为妹妹谋个合适的职位。王刚听后，心里有些犯难。他知道两人关系不错，他也有心帮助，但无奈公司用人标准严格，学历和能力缺一不可，还要经过层层筛选。而陈浩的妹妹只是普通大专毕业生，工作经验也不足，的确不符合公司的招聘要求，想进他们公司确实不易。

王刚只能委婉地拒绝了陈浩，陈浩对此颇为不满，认为王刚未尽全力，甚至提出送礼通融的建议。王刚坚决拒绝，强调这是违法的事。他努力给陈浩解释公司的流程和规定，希望陈浩能理解。然而，陈浩却未能领会，愤然挂断电话。王刚对此深感无奈，他知道自己已经尽力，问心无愧。

换位思考，共筑和谐关系

在人际交往中，换位思考是一种珍贵的品质，它能够帮助我们深入他人的内心，理解他们的感受与需求。当我们站在对方的角度思考问题时，便能更好地避免冲突和误解，从而共筑和谐的关系。真正的和谐关系并非一蹴而就，它需要我们用心经营、用爱浇灌。通过换位思考，我们能够包容对方的不足，欣赏对方的优点，进而增进彼此之间的理解与信任。这样的关系不仅能够让我们在人际交往中更加得心应手，还能让我们在生活中感受到更多的温暖与幸福。

停止抱怨，生活从来不会偏袒谁

在人际交往中，一味抱怨和不满只会引发冲突，这种带有攻击性的言辞，不仅让对方感到难过，更使沟通陷入僵局。真正的沟通，应该是以尊重和理解为基础，用平和的语调来交流看法，认真倾听对方的观点。只有如此，我们才能达到真正想要的沟通效果。

总是抱怨，会让我们心里滋生一种事情无解的错觉，这样只会让事情变得更糟，我们的情绪也愈发变得失控。抱怨并不能解决问题，反而会让我们变得消极。所以，我们应该学会调整心态，用积极的方式去面对问题，寻找解决之道，而不是沉溺于抱怨之中。

与人交流，不仅传递着思想，更直接反映了我们的心性、品格。每一次对话，都是一次内心的展示，别人可以从中窥见我们的真实想法。我们的言辞、语气、态度，无一不透露着我们的性格、价值观与人生态度。

曾经，艾文和汤姆同时被公司解雇，两人在面对失业的困境时，展现出了截然不同的态度。

艾文并未因此颓废，他选择勇敢地迎接挑战。他放弃了重新找工作的念头，转而投身于自己从未涉足的小本经营。虽然路途坎坷，但他觉得这样的生活更加充实和有意义。

而汤姆则沉溺于自怜与抱怨之中，他借酒消愁，责怪命运的不公，从未想过为自己的未来做点儿什么。他不愿再次踏入职场，更不愿像艾文那样寻找新的出路。

多年后，两人在街头偶遇。此时的艾文已经成为一个成功的商人，而汤姆则沦为一个衣衫褴褛的乞丐。艾文心生同情，从口袋中掏出一张钞票，递给了那个跪在路边的落魄者。他未曾想到，这个曾经与他共事的人，如今竟会落到如此地步。

同样的起点，不同的心态，最终导致了两人截然不同的人生结局。

怨气令人缘渐失，伤身又伤心

怨气真是个无形的“小偷”，悄悄偷走我们的健康和快乐。老是抱怨不仅让身体受累，更让心灵变得沉重。我们一旦陷入怨气的泥潭，就容易推卸责任，把自己当成受害者。这样的心态只会让我们与周围的人渐行渐远。朋友们会因为我们的消极情绪和逃避责任的态度而感到失望，他们不再愿意与我们分享快乐和分担痛苦。家人也会因为我们的不负责任而感到担忧和痛心，他们可能会尝试着帮助我们，但最终还是会被我们的固执和抱怨所伤。

沟通技巧：端正态度，远离消极情绪

在人际交往中，掌握沟通技巧固然重要，但核心是我们的态度。沟通不仅仅是话语的传递，更多的是情感的交流。所以，当我们与他人交流时，一定要避免不断流露出消极情绪。消极情绪就像一股寒风，很容易让周围的人感到不舒服。如果我们总是带着抱怨、愤怒或沮丧的心情去与人交流，不仅会破坏沟通的气氛，还可能引发不必要的冲突和误会。相反，如果我们能保持一个积极、乐观的态度，那么沟通的气氛就会更加融洽，交流也会更加顺畅。

化抱怨为行动，迎接挫折的挑战

在人生的道路上，挫折与困难时常相伴。面对这些不如意，我们很容易陷入抱怨的旋涡之中，用消极的态度来应对。然而，抱怨并不能解决问题，只会让我们更加沉溺于困境之中。当遇到挫折时，我们要学会调整心态，少一些抱怨，多一些积极的行动。抱怨只会让我们停滞不前，而行动则是我们战胜挫折的关键。每一次挫折都是一次成长的机会，它让我们变得更坚强、更成熟。只有勇敢地面对挫折，我们才能不断突破自我，实现自己的梦想。

林悦性格和善，总是乐于为他人提供帮助。然而，尽管她身上有许多值得称道的品质，但她的同事们却都不太愿意与她深入交谈。

原因在于林悦总是很容易陷入抱怨的情绪中。无论是工作上的小挫折，还是生活中的不如意，她都能找到理由发牢骚。例如：“真是倒霉，就因为迟到了几分钟，老板就毫不留情地扣了我的全勤奖。”“为什么我的生活总是这么艰难，别人却能过得那么轻松？”甚至连天气的变化也能成为她抱怨的对象：“这天气真是烦人，一会儿冷得要命，一会儿又热得让人受不了。”

每次听到她的抱怨，同事们都会感到一种莫名的压抑，仿佛一块巨石堵在了胸口。尽管林悦在工作上总是充满激情，积极参与各种活动，但她的抱怨声让大家与她保持了一定的距离。

消极抱怨徒增困扰，积极面对方显智慧

生活中，我们总会遭遇种种不如意，但沉溺于抱怨只会让问题更加棘手。因为情绪如同涟漪，会在人群中扩散开来，一个常常散发消极气息的人，往往会让他人敬而远之，难以赢得他人的亲近与信任。实际上，抱怨只会加剧我们的负面情绪，使我们无法看清问题的本质，更无法找到解决问题的办法。相反，我们应当学会以积极的心态去应对挑战，从中探寻成长的可能性。当我们用乐观的心态去看待困境时，会发现那些看似难以逾越的障碍，其实也有被克服的可能。

拒绝有方，巧说“不”也不得罪人

在日常生活中，我们时常会面临各种请求和提议，而如何妥善地处理这些请求和提议，却常常是一个难题。特别是当对方的请求与我们自身的意愿或实际情况冲突时，我们更是陷入了两难的境地。我们担心直接拒绝会伤害到对方的感情，让对方觉得我们冷漠无情；但勉强接受又可能违背自己的原则，甚至给自己带来不必要的麻烦。

拒绝并不意味着我们是坏人，而是我们在维护自己利益的同时，也在尊重他人。我们应该认识到，拒绝并非冷漠无情，而是对自己和他人负责的一种表现。当我们以平和的心态，坦诚地表达自己的想法和难处时，往往能够得到对方的理解和接纳。我们可以先感谢对方的信任和邀请，然后说明自己的实际情况和顾虑，最后给出一个可能的解决方案或替代方案。这样，我们既能保护自己的利益，也能维护人际关系的和谐。

在交往互动中，勇敢地回绝那些对自身不利的请求，是捍卫自身权益的关键步骤。当面对不恰当或超出自身承受范围的请求时，我们不能勉强应承，而应学会委婉婉拒。

在《北齐书》的第四十六卷里，有一个名叫苏琼的清廉太守，他的政绩斐然，深受百姓们的喜爱。

在苏琼治理清河时，他公正无私，从不受任何私欲驱使。有一日，一位法号为道研的和尚找上门来，想要跟他讨论寺庙的债务问题。苏琼觉得奇怪，心想寺庙本是清净之地，和尚怎么会参与这等俗事？于是，他巧妙地以有要事为由，避开了道研的请求。

其实，苏琼并没有忙什么要紧事，而是派人悄悄地去调查寺庙的情况。原来，道研虽然精通医术，却借治病之名抬高药价，导致很多人欠下了债务。得知真相后，苏琼决定不帮道研追债。

当道研再次来访时，苏琼与他畅谈佛法与人生，将道研赞誉为修行高深的僧侣。道研被苏琼的言辞所惑，始终未提及债务。久而久之，道研无奈放弃，烧毁了债契，也不敢再抬高药价，生怕被苏琼察觉。

掌握拒绝的艺术，婉转表达更显情商

在拒绝他人时，我们首先要深入了解对方的真实需求。只有真正理解了对方的需求，我们才能做出更为恰当的回应。拒绝同样需要掌握技巧。生硬地回绝往往会伤害对方的感情，甚至破坏彼此的关系。因此，我们要学会用温和且坚定的语气表达自己的想法。可以先肯定对方的请求，再说明自己的难处和考量。同时，提供一些让对方能够接受的替代方案或建议，帮助对方找到其他解决途径。

坚守原则维系和谐关系，以温和之辞拒绝

在人与人的交往中，拒绝往往成了一个难以启齿的话题。我们害怕一旦拒绝，就会让对方心生不悦，甚至可能引发纷争。其实有时候，与其违心迎合，不如坦然面对，勇敢地拒绝。当然，拒绝并不意味着冷漠无情，关键在于我们如何去表达。在拒绝他人时，我们要保持和善的态度，用平和的语气解释我们的立场和拒绝的原因。这样，即使我们拒绝了对方，也能保持彼此之间的友好关系。学会拒绝，是我们在人际交往中需要掌握的一门艺术。它教会我们如何在坚守自己的同时，也能尊重他人的感受。

巧妙应对拒绝后的人情纠葛，智慧与情感并行

面对拒绝，坚定表态或许容易，但随之而来的复杂人情则需要细心处理。拒绝不仅是对他人的拒绝，更是对人际关系的微妙考验。在这个过程中，我们必须保持清醒的头脑和敏锐的情感洞察力，既要坚守立场，又要照顾他人的情感。当拒绝带来的尴尬和不满袭来时，我们需要以理解和宽容的态度去化解冲突，用真诚和善意去修复裂痕。我们要明白，拒绝并非终点，而是另一个起点。它为我们提供了重新审视人际关系的契机，让我们在坚持与妥协之间找到平衡。

塞奥德·维尔，美国电话电报公司的开创者，他的成功之路充满曲折。年轻时的他缺乏规划，生活散漫，让父母深感失望。然而，他并未放弃，离家谋生后，便下定决心改变自己。他意识到过去的放纵与随性只会阻碍自己的成长，于是他开始学着说“不”，对自己的行为也进行严格约束。这种坚定的自我控制，使他从普通员工一步步晋升为铁路公司总经理。

在创立电话电报公司的过程中，维尔更是深知说“不”的重要性。他时刻提醒自己保持冷静和理智，避免因一时冲动而做出错误的决策。正是这种坚定的立场和明智的选择，使他的事业得以蓬勃发展。总之，塞奥德·维尔的成功告诉我们，学会说“不”是成长和成功的关键。只有当我们能够坚定自己的立场，拒绝那些不利于我们成长和发展的诱惑时，我们才能真正实现自己的价值。

拒绝的艺术：真诚、强硬、合理、补偿

在人际交往中，我们时常需要拒绝他人，如何做到既不失风度又能达到目的，是一项重要的社交技巧。首先，真诚的态度是关键。我们要坦诚地表达自己的想法和感受，让对方感受到我们的诚意和尊重。其次，强硬的立场也不可或缺。在拒绝时，我们要坚守自己的底线和原则，明确自己的态度和立场。同时，也要尊重对方的感受。此外，给出合理的理由也至关重要的，这有助于消除误解和不必要的冲突。最后，适当的补偿能够缓解拒绝带来的尴尬和紧张气氛。

学会倾听，给别人留有说话的机会

缺乏耐心倾听的人，往往暴露出内心的稚嫩与封闭。真正的成熟，是能够在繁忙与浮躁中，静下心来聆听他人的声音，理解不同的观点。自我开放，不仅要接纳外界的信息，更是对他人的尊重与包容。当我们学会耐心倾听后，不仅能增进彼此的理解，也能在交流中不断拓宽自己的视野和心胸。

聆听，是构筑人与人之间情感纽带的基石。当我们认真聆听他人的话语时，不仅是对他们的尊重，更是给予他们情感上的支持与安慰。倾听的过程中，我们用心感受对方的喜怒哀乐，理解他们的需求和期待。这样的倾听，能够增进彼此的情感连接，让关系更加融洽。

倾听不仅是耳朵的工作，更是心灵的参与。我们要耐心聆听，捕捉每一个细节，理解其背后的意图与情感。只有真正弄清了别人在说什么，我们才能做出恰当的回应，实现有效的沟通。

巴顿，“二战”时美国的杰出将领，战功卓著。然而，他的一次意外尝汤事件更让他广为人知。在那个战火纷飞的年代，巴顿深知战士们的不易，因此决定亲自深入军营视察。当他踏入军营的那一刻，战士们热情洋溢的欢迎让他倍感亲切。为了进一步了解战士们的生活，巴顿决定与他们共进午餐，顺便了解一下他们的伙食情况。

刚走进食堂，巴顿就被一锅热气腾腾的汤吸引，心生好奇，想要尝尝味道。他走向汤锅，向士兵们索要勺子，然而，士兵犹豫的表情让巴顿误以为受到了阻挠，他心生不满，推开士兵，强行尝汤。尝后，他震惊地发现这竟是刷锅水，愤怒地质问士兵。士兵解释说，这本来就是刷锅水，本想告知巴顿将军，却没想到他会如此急切地尝汤。巴顿听后哭笑不得，这才意识到没有给别人倾听的机会令自己闹了笑话。

倾听的艺术：深度理解与及时回应

倾听者比倾诉者更难。与人交谈时，我们不仅要聆听对方的话语，更

要集中注意力观察对方的神态和表情。因为神态和表情中往往隐藏着话语背后的真实情感与意图。真正的倾听，是用心去感受。它需要我们抛开杂念，全神贯注地投入与对方的交流中。观察对方的眼神、表情和动作，我们能够发现那些隐藏在言语背后的秘密，感知对方的情绪起伏，理解他们的真实想法。只有当我们用心倾听，才能及时捕捉对方的每一个细微之处，从而做出恰当的反馈和回应。

倾听：探寻话语背后的真实

倾听，并非耳朵的单纯接收，而是心灵的深度对话。在复杂的社交场合中，我们时常被表面的言语所蒙蔽，难以触及对方的真实情感与想法。真正的倾听，需要我们摒弃主观偏见，全身心地融入对方的话语中，感受对方的情感波动，洞察对方的内心需求。通过倾听，我们能够深入了解他人的立场和观点，从而建立更为牢固的情感纽带。倾听还能够消除误解，化解冲突，让沟通变得更加自然流畅。因此，与人交往时，我们要学会用心去倾听，去

探寻那些隐藏在话语背后的真实意图。

耐心聆听，理解差异

当别人的想法与我们的不一致时，切忌匆忙评判。每个人都有自己的视角和经历，这些差异正是沟通的宝贵财富。此时，我们应保持耐心，等待对方完整地表达自己的想法。在聆听的过程中，我们要全神贯注，不打断、不争论，让对方感受到我们的尊重和关注。通过认真聆听，我们可以更深入地了解对方的观点，发现其中的合理之处，甚至可能因此拓宽自己的视野。聆听完毕后，我们可以提出自己的见解，但要以平和、理性的态度进行交流。这样的沟通方式不仅有助于增进彼此之间的了解，还能促进双方的成长和进步。

被尊称为“股市风云人物”的彼得·林奇，以其在股市中独特的短线操作技巧闻名于世。然而，这种操作方式逐渐让他对自己的判断产生了过度的自信，进而成为他内心难以跨越的一道坎儿。某次，面对华尔街股市的剧烈震荡，彼得·林奇决定再次出手，通过快速买入、短期持有并迅速卖出的方式寻求最大利润。他一举购入了多只股票，并计划在短时间内实现盈利。然而，出乎意料的是，这些股票并未如他所愿地上涨，反而出现了下跌的趋势。

面对这一突如其来的变故，彼得·林奇陷入了沉思。一度想要抛售所有股票以减少损失的他，在助手的提醒下，决定暂时放弃执念，不去关注股票的走势。经过长时间的等待和观察，他最终在市场回暖后，凭借这些股票获得了可观的收益。这次经历让彼得·林奇深刻认识到，听取他人建议并勇于改变旧有观念的重要性。

倾听的艺术：换位感受，共悟心声

每个人都有说话的欲望，而在这繁杂的世界里，懂得倾听尤为关键。

倾听，不只是耳朵的聆听，更是心灵的交融与理解。倾听的精髓在于换位思考。当我们尝试站在对方的角度，用心去体会他们的情感与思绪，我们便能更深刻地理解他们言语中的含义。这种换位感受的倾听，不仅能消除隔阂，促进理解，更能拉近人与人之间的距离，构筑起坚固的情感桥梁。我们只有在交流中学会倾听，用心去感受对方的声音，用共鸣去回应他们的表达，才能真正实现心灵的沟通与共鸣。

第五章

运筹帷幄，让做事方式破局

当你在事业上停滞不前时，请你停下来看看，自己的选择有没有错误，因为有时选择大于努力。当你觉得自己一事无成时，请反思一下，自己有没有务实，有没有真正为一件事情踏实努力过。包容他人的不足，承认自己的错误，才能让我们打破瓶颈。当你学会今日事今日毕时，你就不会再拖延了，这样才能离成功更近。

学会做选择，有时选择大于努力

人们常说，职业和婚姻是人生的两个重要选择。由此可见，选择是多么重要。而我们中的很多人，年轻时基本上不注重选择，跌跌撞撞地前进，最后后悔莫及。假如给大家重来一次的机会，很多人会慎重地做出选择。要知道，大部分成功人士就是因为早早做出了正确的选择，才有了如今的成就。

我们每天都在做选择，小到吃饭穿衣，大到职业规划。如果你选择对了，那么你走向成功的可能性就会大大增加。假如你选择错误，就会多走很多弯路。我们始终要相信，只有选对了，再付出持之以恒的努力，你才能一步步走向成功。如果选择错误，你付出再多的努力，也只会让你离成功越来越远。

当我们要选择时，就要充分发挥自己的主观能动性，牢牢掌握自己人生的主动权。当然，事先还要多准备、多规划，等到机会到来时，我们才能做出最果断、最明智的选择。

古希腊著名哲学家苏格拉底的三位学生向他请教了这么一个问题，如何才能找到合适的另一半。苏格拉底带他们来到麦田边，对他们说，你们每个人去拾一捆又大又好的麦穗。在这个过程中，不许回头，只能往前走，且每个人只有一次挑选的机会。第一个学生一出发，就拾到一捆大麦穗，当他看到后面还有更大更好的麦穗时，他后悔了。第二个学生虽然一路上看到了不少又大又好的麦穗，可他相信后面还有更好的，直到快走完全程，他才发现他错过了太多好机会，最后只得随便拾一小把麦穗离开了。第三个学生将整段路程分为三部分，每部分里面又分大、中、小三类麦穗，当他走到最后三分之一的路程时，挑选了一捆最大的麦穗离开了。对于自己做出的选择，他很高兴。苏格拉底用这个故事告诉我们，在选择人生伴侣时，不可匆忙做选择，也不可犹豫不定。

如何做出正确的选择

只有当我们做出了正确的选择，我们后面的努力才会有意义。而要想做出正确的选择，并不仅仅是凭运气就可以的，你需要整合各种资源，譬如能力、眼界、人际关系、经验等。只有选对了方向，我们所有的努力才会事半功倍，困难也会像纸老虎一样，一攻即破。在现实生活中，选择无处不在，这是一场考验智力的游戏。你今后的人生能否顺风顺水，很大程度上取决于你当下所做出的选择。当你通过选择找到了前进的方向，你离幸福就会越来越近。

做好人生的几次重要选择

一个人一生要经历不计其数的选择，可是会让你的人生轨迹发生改变的选择并不多，其中就包括升学、就业、结婚、生子等。这些重要的选择会直接关系到你下一步的走向，而且不仅关乎你自身，还会和你的家庭、工作息息相关。比如，你选择和谁结婚，组建一个什么样的家庭，你今后的很多人生规划都要围绕这个组建的家庭展开。你的家庭能不能给你提供支持，会对你今后的发展产生很大的影响。所以，我们在做出人生的重大选择时，一定要积极开动脑筋，调动身边的资源，争取做出尽可能正确的选择。

人生的三次重要的主动选择

第一次主动选择是你想要成为一个什么样的人，也就是从小立志。如果你打定主意要做一个名扬天下的人，那么你就会以此为目标，将你的交友范围进行圈定。第二次主动选择是你的目标要如何来实现。假如你想要成为一个科研工作者，那么你现在就要努力学习，积极朝这个方向努力。其中最重要的是，你要有积极乐观的人生态度。第三次主动选择是拓展自己的能力边界。比如你可以参加公益活动，做一些平常没有做过的事，当然这个选择要符合你最初立下的志向。

尤利乌斯·马吉的父亲离世时，只给他留下了两扇简单的磨盘。马吉天生不服输，他不相信自己这辈子都要围着磨盘打转。于是他积极开动脑筋想办法，他想到好友舒勒医生曾说过，干蔬菜的营养成分并不会流失。如果自己能将蔬菜和豆类放在一起，磨出有营养的汤料，必定可以赢得家庭主妇们的青睐。果然不出他所料，他磨制出来的速溶汤料一问世，就大受欢迎。之后他又经过多次试验，磨制出了万能调味粉，它可以让鱼肉、汤、凉菜等配菜的味道都发生变化。之后，他又磨制出了风靡市场的浓缩肉制品。

在后来的演讲中，他骄傲地声称，哪怕命运只给我两个磨盘，我也一样可以磨出精彩的人生。我们无法选择自己的出身，可是我们可以选择自己今后要成为什么样的人。暂时的不得志没关系，重要的是相信自己的命运是可以选择的。

做选择时要遵守的六大重要原则

在做选择时，我们要遵循这样六个重要原则：一、平常我们要多多积累自己的经验和技能，这样当机会来临时，我们才能凭借自身的学识做出更加正确的选择。二、不断充实自己、完善自己。我们要对自己有清晰的认知，这样才能找到最适合自己的方向。三、要有自己的主张，但也要适当听取他人的建议。四、对于人生的几次重要选择，一定要慎之又慎。五、对于自己选择的路，要坚持不懈地走下去。即便遇到再大的困难，也不能半途而废。六、对自己做出的选择进行反思，适时调整自己的选择，学会与时俱进，及时修正。

务实一点，只有付出才会有回报

真正意义上的实干，不是一味蛮干，而是将实干和巧干结合在一起。务实就代表着你要在事业上投入百分之百的专注，承受身体和心灵上的双重考验，敢于直视任何困难，并勇敢战胜它。可能在实干的过程中，你会错失一些眼前利益，可是请你放心，你会因此收获更大的成功。

务实最重要的就是要立足现实。那些收获成功的人，无一不具有务实的心态，他们并不会将梦想整日挂在嘴边，而是脚踏实地地去行动。因为他们知道，成功之路上少不了汗水的浇灌。很多人其实很有天赋，最后却没能走向成功，原因就在于他们缺少实干精神，不能将自己的天赋运用到具体的事情中。

在做事时，我们不要急于求成，而要专注于做好眼前的事。如果你将精力放在等待上，放在喊口号上，那么你将一事无成。所有外在的东西都是虚妄的，只有一步一个脚印地积累经验和吸取教训，成功才不会离你那么遥远。

隋炀帝特别讲究排场，是个非常注重表面功夫的人。他西巡张掖时，曾要求西域二十七国的人都身着锦衣华服，奏乐欢迎他。后来，西域各族使团和商族来洛阳考察，隋炀帝命人举行了隆重的欢迎仪式，在皇城端门外大街上搭建戏楼，招来一万八千名乐师前来演奏，日夜不间断，整整持续了半个月。他还命令店铺全部装饰一新，陈列新货，店员要身着华美的服装，即便是卖蔬菜的小贩，也要在地上铺上龙须席。西域各族商人一眼就看出这是假象，指责有彩绸不给穷人穿，却要挂在树上作装饰。结果，隋炀帝浮夸的作风不仅没有赢得各族的信任，还为自己招来了战争。有一次，在他出巡塞外时，遭到突厥骑兵的偷袭，他大哭不止，直到将士们奋力营救，他才捡回一条命。

务实是最大的底气

成功的人无一不是务实的人，他们不会好高骛远，更不会这山望着那山高，他们会一心专注于眼前，做好眼前每一件小事。他们坚信平凡能造就伟大。很多人看到他人成功，会说是他人运气好。诚然，一时的成功需要运气，但长久的成功不仅仅需要运气，更需要你付出不亚于任何人的努力。务实的人在变化到来时都是从容不迫的，因为他们的行为已经给了自己足够的底气。变化并不总是坏的，只要你基本功扎实，你就能抓住机会，打一个翻身仗。

务实要具备的前提

要做到务实，强健的体魄、旺盛的精力是必不可少的。我们可以通过锻炼达到这一目的。在通往成功的道路上，荆棘遍地，它不仅考验着一个人的心理素质，还会考验一个人的身体素质。当你体质良好、精力充沛时，你才能更好地利用你的智力资源。务实还要求你有一颗执着追求事业的雄心。这样你才会对自己所从事的事业充满热爱，才能全身心地投入事业中，更容易斩获成功。在一个成功者身上，务实精神体现得更加淋漓尽致。他们没日没夜地扑在工作中，这并不是因为他们对多姿多彩的生活不热爱，而是他们心中始终燃烧着事业之火。

务实要立足于现实

务实的行动，要从现实出发，不能对虚无缥缈的东西充满执念，总是走一些虚无的路，这样当然是看不到效果的。不管是在工作中，还是在生活中，务实都要求我们有个清醒的头脑，不要被一些外在的美好所迷惑，认真做好手头上的事情，内心平静下来，工作上就会出成绩，生活也会越来越幸福。如果不务实，可能会让你的名誉受损，更有可能触碰法律的底线。务实多了，时间长了，个人品牌就建立起来了，这也算不负韶华。只有将你的思想建立在务实上，才能真正有所成就。

卡尔就职于一家小公司，虽然公司不大，可他从来没有让自己闲下来，总是忙着处理各种事情，同事们有什么事都喜欢喊他帮忙，他也从来不厌烦。后来，他主动申请去了压力更大的销售部。上司给他制订了一年30万美元的销售任务，他没有叫苦叫难，而是沉下心来认真工作，最终提前半个月完成了任务。后来，他凭借自己的务实态度和骄人的成绩，被提升为销售部经理。上任以后，他依然整日扑在工作上，其他人也被他的奋斗精神所感染，非常勤奋地工作。后来他们公司被一家大型公司收购，对方公司的人来考察时，点名让卡尔担任这家公司的总经理。原因是双方在洽谈收购事宜时，卡尔的务实给对方留下了深刻的印象。当你像卡尔一样认真对待自己的工作时，你会觉得自己的潜能都被开发出来了，也就离成功越来越近了。

务实的态度是成功的基础

具有务实态度的人相信，只有踏实工作，才能有所成就。他们从来都不相信天上会掉馅饼，他们的信条永远都是只有提前准备，将一切都落实到行动中，才能在机会到来时腾风而起。假如没有务实的态度，即便你拥有再高的天赋，也不可能取得一番成绩；假如没有务实的态度，即便你才华再超群，也会泯然众人矣。因此，要想成功，就一定要付出踏踏实实的努力。将渴望成功的思想转化成坚定不移的行动，勇敢向前走，让成功真正变成现实。

承受失败，积极思考才能激发潜能

没有哪个人的生活是鲜花满地的，生活在这个世界上，每个人都会遇到各种各样的困难。我们不必羡慕他人的光鲜，要知道，他们背后也经历了多次失败，淌过数不清的汗水，才有了如今的成就。

现代人越来越推崇逆商，一个具有高逆商的人，哪怕遇到再大的困难，他都可以泰然处之、从容应对。更有甚者，还可以在关键时刻化劣势为优势，让整个局势翻盘。人生的道路上从来都是荆棘遍地，怎样战胜困难，怎样打好人生的翻身仗，是我们每个人都要学习的功课。这时我们就要树立正确的思维，走出思维的误区，一步步迈向成功。我们见过太多成功的案例，他们的共性就是，在困难面前从不退缩，而是在掌握了正确的思维方法后大胆向前，愈挫愈勇。

你只看到了他人成功时的闪耀，却没有看到他们背后付出了多少心血和汗水。假如我们一遇到困难就退缩，一遇到难题就止步，那么我们就会离

成功越来越远。只有做出正确的选择，迎着困难往下走，才能一步步走向成功。

官渡之战，当曹操和袁绍同时遭遇粮草不足的情况时，两人表现出了完全不同的逆商。曹操虽然从一开始就粮草不足，可是他从来没有想过放弃，一心想要打败袁绍。而袁绍由于一直以来都比较顺利，没遇到过什么大的挫折，就有些疏于防备。当有人提出向许昌发起突袭时，袁绍很是不屑。正是因为袁绍的这次失误，让曹操抓住了机会。特别是当袁绍的谋士转而投奔曹操时，曹操更是马不停蹄地去接待。当袁绍的谋士提出突袭乌巢的计划时，曹操想都没想就答应了。正是因为曹操抓住了这最后的机会，才反败为胜。因为他经历了多次历练，得到了诸多经验。当他遇到不利于自己的局面时，才能做到镇定如常，抓住机会翻身。这也充分说明，具有高逆商是多么重要。

养成科学的思维方式

纵观那些有所成就的人，他们都有一个共同点，那就是拥有一个科学的思维方式。他们会区分事实和纯粹的资料，然后对事实再进行进一步的区分，分成重要的和不重要的两种。当你向目标奋进时，自然要选择那些重要的、和你的目标息息相关的事实。当有突发情况发生时，人会不自觉地紧张、害怕，接下来就会本能地向后退。这是非常不可取的。一个人要想成功，就必须想办法克制自己的这种本能反应，迅速调整好情绪，及时想出应对之策。

如何提高逆商

一个拥有高逆商的人，往往会突破人生向上发展的阻碍，发展得越来越好。而逆商大多源于后天的培养，当我们遭遇困境时，焦虑和失落是在所难免的，有的人会破罐子破摔。其实只要我们换一个角度思考，将困境当作宝贵的财富，在困境中持续打磨自己，让自己变得更加坚韧，更加坚强，即便遇到再大的风雨，我们也有勇气坦然应对。逆商的提高需要加强自身的修养，我们不要害怕一时的失败，而要从失败中勇敢地爬起来，吸取经验和教训，成长为一个真正的勇士。

潜能的威力

当一个人退无可退时，通常会展现出超乎寻常的力量，这就是潜能。潜能是人类所拥有的极其宝贵的能力，我们每个人身上都有这样一座宝藏，只是它很少被我们挖掘出来。没有哪个杰出人士是天生的，他们之所以能取得成功，就是因为他们有效地开发了自己的潜能。当你以一个积极乐观的心态，并采用正确的思维方式去开发你的潜能时，你就会发现你拥有了无穷的智慧。否则你只会不停地怨叹老天对自己不公，最后越来越堕落。当我们激发出了自己的潜能后，一定会惊讶于自身的力量。

凯西·史顿格是纽约扬基棒球队的领队，他非常擅长思考。这一年，扬基棒球队要和密尔沃基勇士队进行一场比赛，争夺最后的胜利。正是因为史顿格积极思考，所以在那次的全国联赛中，他们一路顺风顺水，过关斩将，早早拿到了决赛权。因为对手实力都不如他们，他们很轻松就赢得了前面的比赛，这反而不利于他们此后的发挥。到赛季快要结束时，他们再也没有贡献出多么精彩的比赛。全国联赛开始了，可是扬基队始终无法进入状态。结果在前四场的比赛中，他们一连输了三场。对于扬基队而言，这是莫大的耻辱。要想赢得最后的胜利，他们必须在之后的三场比赛中连胜。史顿格给了他的球员们莫大的激励，激发出了他们的潜能，让他们做到了这一件几乎不可能完成的事情，他们真的连赢了三场，获得了最后的胜利。

学会积极思考

当我们对自己的未来变得迷茫时，我们不能停滞不前，而要不断给自己加油鼓劲儿，告诉自己你可以的。这时学会积极思考就显得尤为重要了，一个人只有具备积极的心态，变否定思维为肯定思维，成功的可能性才会增大。养成科学的思维方式以后，我们就要打好手中的每一张牌。哪些牌先出，哪些牌后出，先易后难，在提升自信心的同时，也为后面复杂问题的解决打下基础。我们要珍惜自己所拥有的一切，提高战胜困难的勇气和信心，不在虚无的东西上浪费自己的时间，才能离目标越来越近。

独立思考，千万不要人云亦云

我们如今生活的这个社会，充斥着太多的信息。假如我们没有独立思考的能力，很容易被大量的信息所淹没，找不到自己的方向。最了解自己的人，永远是我们自己。只有当我们有了自己的思考，才能不人云亦云，才能让自己的付出有所回报。

机会往往会垂青那些有独立思考能力、拥有创新能力、敢于向权威挑战的人。人之所以区别于动物，就在于人类拥有智慧，而智慧是通过独立思考获得的。一个人只有学会了独立思考，才能不亦步亦趋跟在他人身后，才不会盲目迷信他人，最终一步步走向成熟。

一个有独立思考能力的人，他们的周身散发着光芒，他们对问题有自己独到的见解，他们的内心世界要比他人丰富。和他们在一起，你会觉得生活是那么有趣。

人们一直以为，物体下落的速度和它的质量息息相关，物体质量越大，下落的速度越快。伽利略却对此提出了不同的看法，他决定在比萨斜塔进行一次试验，以推翻这一结论。这天，他带了一个重10磅的铁球和一个重1磅的铁球来到比萨斜塔上面。塔下面围满了人，大家讥笑道："这个小伙子也太自不量力了，竟然敢推翻亚里士多德的理论。"伽利略两手各执一球，大声对下面的人说："你们看清楚了，球马上就落下去了。"说完，他两手一起松开。人们亲眼见到两个铁球同一时间掉在了地上。所有人都大吃一惊。伽利略用他的试验，揭示了自由落体运动的奥秘。在物理学发展史上，这一实验具有里程碑式的意义。很多时候，我们往往会受到事物表象的迷惑，从而让我们的思维受限。要想了解事情的真相，就要将逻辑思维派上用场。

"思考"致富

现代人已经越来越推崇思考致富的理论，而不是努力工作变富的理论。你要想变富，就不能仅凭兢兢业业地工作，而要学会思考，找到适合自己发展的道路。我们不用羡慕别人拥有比自己多的财富，也不用羡慕别人的条件比你优越，那是因为他们有自己独立的思考能力，早一天找到了自己的发展方向，并付出坚持不懈的努力，才有了如今的高度。如果你依然缺乏自己独立的判断，习惯了听从别人的意见，那么你将难以走向人生的巅峰，你的灵魂也将是贫瘠的。

如何养成独立思考的习惯

独立思考的习惯一定要经过长期练习才能拥有。在这之前，我们要持续不断地多了解一些信息，并对这些信息进行整合、过滤、分析、提炼和利用。当然，这个过程中少不了大量的阅读、观察、思考、反思和总结。只有这样，我们才能形成自己独有的思考方式，当别人提出某个我们不认可的观点时，我们才能有理有据地为自己争取。我们要经历三个阶段，才能养成独立思考的习惯。一是模仿他人；二是推翻一切重来，让自己的自由精神生长起来；三是创造属于自己的命运。

缺乏独立思考的能力会怎么样

当你没有自己的想法，凡事总想着依赖别人，那么你会一直跟在他人的身后走，难以绽放出自己的光彩。这时的你是缺乏前行的勇气和信心的，你不相信自己是一个有趣的人，是可以活出自我风采的人。当你缺乏独立思考的能力时，你很容易就接受了他人的意见，即便提出了自己的观点，也难以坚持下去。试问，这样的你如何获得事业上的成功呢？要如何抓住机会向上攀登呢？一个缺乏独立思考能力的人，是很容易被他人瞧不起的，会对个人的发展产生极大的负面影响。

爱迪生是举世瞩目的大发明家，他的成功在很大程度上仰仗于他的独立思考，他不会被别人的意见左右。即便遭到别人的冷嘲热讽，他也始终会坚持自己的想法，不会轻言放弃。当他发现气球可以飞上天以后，便开始了独立思考。他心想，如果人和气球一样，肚子里也充满气，是不是可以像气球一样飘在天上。虽然这个想法在他人看来是非常荒谬的，可是，正是因为他从小就具有这种独立思考的能力，所以才能在日后取得更大的成功。1875年10月21日，经过数以千计的试验，爱迪生终于发明了世界上第一盏电灯，人类照明自此进入了新时代。而当他在做这件事情时，曾不止一次地被人认为是不可能的，可他偏偏不信这个邪，发誓要把不可能变成可能。事实证明，他做到了。1876年，发明工厂成立以后，爱迪生又完成了两千多个新发明，这一数字真是让人叹为观止。

独立思考让你更自信

当你缺乏独立思考的能力时，总会担心自己做不好，做事时不能全身心投入，只要听到任何一点不利于事件推进的消息，就会如临大敌，这样是很难将事情做好的。事情办砸了，你就更加缺乏自信。这样一来会让人难以将重要的事情交给你，你的生活就会越来越糟。当你具有了独立思考的能力，然后不断去完善自我，这样才能赢得别人的尊重，才有可能做出非凡的成就。当你具有独立思考的能力，你会对自己更自信，相信自己可以做得更好，而不是总是看他人的脸色行事。

今日事今日毕，别蹉跎了时间

我们从小就受到这样的教育，今天的事情一定要在今天之内完成，不能拖到明天。可是时至今日，我们总是将这句话抛到脑后，开始崇尚及时行乐，今天做不完的事情，拖到明天做是一样的。久而久之，我们就养成了拖延的习惯。

现代社会，每个人都说自己很忙，可是他们总有时间刷手机、放空。其实这只是他们不会利用碎片时间而已。通过管理碎片时间，我们会变得更轻松、更自由，休息的时间也变多了。不再拖延，利用好碎片时间，抓紧时间行动起来，你会发现生活的可控性更强了。

很多人都烦恼于自己做事拖延，效率低。要想改变的话，其实很容易，那就是养成待办事项清单的习惯。每天早上抽出几分钟的时间，列出今天要完成的所有事情，然后按照重要性和紧迫性进行排序。

张瑞敏一直在海尔内部推崇“今日事今日毕”的制度。1999年

7月中旬，美国洛杉矶地区的气温达到了40多摄氏度，路上几乎没什么行人。这天，因为运输出了问题，运往洛杉矶的海尔洗衣机的零部件多放了一箱。这其实不是什么大不了的事，只要找机会再调回来就可以。可是美国海尔贸易有限公司零部件经理丹先生说，他们要严格履行公司日日清的制度，在如此炎热的天气下，当天就将这箱零部件调了回来。正是因为海尔集团一直奉行这种日清日毕的精神，他们的服务才一直受到人们的夸赞，海尔的产品也在世界上堪称一流。他们之所以会建立这样的制度，不仅仅是爱惜时间，也是尊重客户。他们的成功深刻践行了日清日毕的原则，在这个过程中，他们不仅提升了自己，也让客户更加信赖他们。

拖延的定义和成因

现代社会，很多人都患上了拖延的毛病，有的人甚至病得不轻。拖延在心理学领域是这么定义的：拖延是人们主动选择的一种长期拖延行为，这种行为当然是缺乏理性的。也就是说，人们明知道拖延可能带来不好的结果，可是他们没有丝毫改变，依然选择拖延。对其成因不了解的人，可能会觉得拖延就是这个人太懒了，不会规划时间，或者这个人根本不珍惜时间。其实，拖延的成因并不像人们想象的那么简单，它是具有复杂的心理因素的。

不要让拖延毁了你的人生

很多人明明制订了详细的计划和清晰的目标，可是最后的结果依然不好，原因只有一个，那就是因为拖延，迟迟没有付诸行动。哪怕行动了，也会反复拖延，努力三分钟，躺平一小时。机会并不是一直垂青我们，当机会来临时，我们选择了拖延，那么机会就会溜走，事情也就难以办成了。拖延就如同毒药，会让我们的人生往愈加糟糕的方向发展。今天的事情拖到明天，明天的事情再拖到后天……长此以往，成功只会离我们越来越远。

规划好你每一天的工作

企业管理当然要重视“今日事今日毕”的工作原则，可是对于员工个人来说，也要非常重视这一原则。坚持下去，我们的工作才能更加顺利地开展下去，而且完成得更好。假如你在工作中养成了“今日事今日毕”的好习惯，你的工作效率将会大大提升，你的工作完成度也会让人刮目相看。时间是最公平的，当你越忙时，越要规划好一天的工作。长期践行这一习惯，才能保证更好地完成当天的工作，确保自己每天都在进步，你就是优秀员工的不二人选。

联邦快递的员工一直践行的一个准则就是隔天一定要送达，即便遇到再大的困难也不例外。这一天，公司的驾驶员克劳尔来到美国铝业公司装运一批车轮。可是，车轮的一个重要部件很晚才送到这里。克劳尔并没有一味等待，而是主动帮助安装，还给车轮加上润滑油，以保证这批车轮按照规定的时间运出去。无独有偶，公司的另一个驾驶员史蒂芬驾驶的车辆因为发动机过热抛锚了，他来不及修理货车，转身向客户借了一辆自行车，将联邦快递公司的板条箱放到背包里，之后将包裹装进去，顶着三十多摄氏度的高温，翻山越岭，这才将自己负责的货物运送完成。他们都是深刻践行联邦快递公司隔日送达口号的典型代表。为了遵守承诺，联邦快递的所有员工都要不打折扣地执行。在强烈的责任感的驱使下，联邦快递人用自己的坚持完美地履行了公司的使命。

如何做到“今日事今日毕”

“今日事今日毕”说起来容易可做起来难。在实际生活中，我们被繁重的任务、消极的情绪压得喘不过气来，我们的行动力也会跟着大打折扣。当我们没办法完成当天的任务时，我们就会产生拖延情绪。其实，这时你可以这样做，可以对当天所有的任务进行归类，根据重要程度、紧急程度、难易程度进行划分，然后逐个攻克。其次，你还要培养自己积极的工作态度和学习态度，多给自己打气鼓劲，让自己对生活充满热情，这样才能更有激情地来执行“今日事今日毕”的原则。

包容心态，须知得饶人处且饶人

人与人之间产生矛盾是在所难免的，这时，我们要秉持包容的心态，多站在他人的角度考虑问题，这样才能化解矛盾。每个人生而不同，有不同的观点也是正常的。多多理解他人，不在小事上计较，才能拥有更和谐的人际关系。

这世上没有十全十美的人，即便是再优秀的人，身上也存在不足。这就告诉我们要对他人多一分理解和包容。如果一个人缺乏包容心，对于自己看不惯的事，他就会一直郁结于心，让自己饱受折磨。只有学会容人，你的愁怨才会减少，才更能得到他人的尊重。

包容是一门艺术，我们首先要理解他人、体谅他人，既接受他人的优点，也接受他人的缺点。其次，试着用一颗包容的心去处理矛盾和纷争，它更有助于问题的解决。

得饶人处且饶人

你在和对方交往的过程中，哪怕对方犯错了，你也不要一味揪着不放，而要得饶人处且饶人。假如你将对方逼到死角，可能会就此让一个人堕入深渊。所以，给别人留有余地，帮助他人改正错误，才是你应该做的。不要当着他人的面批评你的员工，也不要当着外人的面批评你的小孩儿，学会顾及他人的感受，照顾他人的面子，对他人多一分宽容，从而减少对他人的伤害，既是给他人留余地，也是保全自己的表现。

学会为他人着想

设身处地地为他人着想，会让我们的思路更加清晰，心灵更加澄澈，在工作和生活中更加自在、舒适。每个人所处的环境不同，自然对事物会有不同的感受。当你能够感同身受，让自己身处其中时，你才会对别人的感受有更深刻的理解，多一分包容。这份包容不仅仅是针对别人，也是针对我们自己。

各退一步，海阔天空

俗话说得好：“两虎相争，必有一伤。”人与人之间也是如此，如果两个人针锋相对，最后受伤的必定是两个人。伤敌一千，自损八百的事，我们干的还少吗？如果两个人都各退一步，那么双方都会有所收获。退让并不意味着吃亏，很可能是长久的获利。当然，包容并不是那么容易的事，需要我们有一个开阔的心胸。当你学会了包容，你会发现生活原来是如此美好。

王氏家族和胡氏家族积怨已久，两户人家只要一碰面，就会争吵起来。这天傍晚，王虎和胡一刚好在街上遇到，两人倒没有动手，而是保持着适当的距离。两人就这样一前一后走着，突然，王虎听到“啊”的一声惨叫，原来是胡一掉到沟里了。王虎看见后，赶紧找来一根木棍，将另一头递到胡一手中，然后将他救了上来。胡一感激不尽，连声对他说谢谢。同时，他也疑惑对方为什么会救自己，明明两家是仇人。可是王虎说，“救了你不就相当于救了我吗？”胡一还在疑惑，王虎说：“如果不是你在前面走，那刚掉到沟里的不就是我了吗？你救了我，我当然也要救你。”这时，月光如水，王虎和胡一也握手言和。正是因为王虎选择了包容，才能让两家化解仇恨，得到一份宝贵的友谊。

海纳百川，有容乃大

每个人生而不同，一个人具有容人的雅量，才能成就一番事业。一个人只有拥有开阔的心胸，才能拥有更宽广的舞台，也才能取得更大的成就。每个人活在世上，无一不想要发展得更好， 这时你就要具备包容的精神。俗话说得好，多个朋友多条路，朋友多了路好走。当你对他人多一份包容，将身边的人都变成朋友，你的成功路上就会少一些荆棘，成功就会离你越来越近。海纳百川，有容乃大。我们也要学习大海的精神，多多包容他人，这样才能成就一个更开放的自己，也才能收获更多惊喜和意外。

第六章

杰出有为，让职场生活破局

职场生活，犹如一场持久而复杂的战役，需要我们以更深的洞察力和更坚韧的毅力去破局。面对职场中的各种挑战，我们需要有敢于尝试新方法和新思路的勇气。每一次的尝试，都可能带来全新的机会和突破。持续的学习和提升，是我们在职场中立于不败之地的关键。无论是专业技能还是人际交往，都需要我们不断地去学习和提高。只有这样，我们才能在激烈的职场竞争中，找到属于自己的破局之道。

摆正态度，别在该奋斗的年纪荒废人生

很多人常感觉自身在职场中微不足道，于是工作变得敷衍起来。然而，每个人都是团队中不可或缺的一部分，每份努力都汇聚成推动事业前行的力量。用心对待工作，不仅是对职责的尊重，更是自我价值的实现。别让轻视自己的念头消磨了热情，每一份努力都将化作个人成长的阶梯。

工作态度，不仅是日常工作的表现，更是塑造未来职业轨迹的关键。一个端正的工作态度，意味着我们对待工作时的敬畏与热爱，它犹如磨砺宝剑的砺石，不断锤炼我们的专业技能与综合素质。工作态度决定工作能力，更决定着我们未来的职业高度。因此，我们要以严谨、专注、不懈追求的精神，对待每一份工作。

优秀的人身上总是散发出一种不懈奋斗的拼劲。他们深知，成功并非一蹴而就，而是需要日复一日地辛勤付出和坚持不懈。面对困难和挑战，他们从不轻言放弃，而是勇敢地迎接挑战。正是这种持之以恒的努力和追求卓越的决心，让他们在事业的道路上成就非凡。

赵明在职场中有个特别的做法，他坚持用笔记本记录每一项未完成的任务，确保工作有条不紊地进行下去。这一习惯使他在职场上表现出色，效率高且头脑清晰。

新来的实习生小王对此充满好奇，向赵明请教。赵明笑着解释说："手机虽然方便，但在某些场合中，拿出笔记本记录更为庄重和专业。"而且，他觉得电子产品总是充满诱惑，一旦打开就很难再关上。而使用笔记本记事，每完成一项任务，画去一项记录，都让他感到一种实实在在的成就感。

小王听后深受启发，第二天也开始模仿赵明的做法。赵明对小王的细心和进取精神赞赏有加，他认为一个真正优秀的职场人，就应该像小王一样，善于观察和学习，不断提升自己的能力和素质。职场就像一本厚重的书，只有用心翻阅、认真琢磨，才能从其中汲取到更多的知识和经验，从而不断成长和进步。

职场透明侠：事不关己，"自在"独行

在工作中，存在着一种透明的职场人。他们总是以事不关己的态度，在职场中"自在"独行。当团队面临挑战，他们选择置身事外。这些人的存在，如同职场中的一颗定时炸弹，随时可能破坏团队的团结与稳定。他们缺乏责任心和团队精神，只顾自己的眼前利益，不顾他人的感受。他们的行为，不仅削弱了团队的凝聚力，还可能影响到整个组织的发展。我们需要警惕并摒弃这种态度。作为职场人，我们应该以积极的态度面对每一次挑战，与同事携手共进。只有这样，我们才能在职场中取得真正的成功，成为令人敬佩的职场精英。

职场逆袭：谷底挣扎，更需倍加努力

在职场上，有时我们会陷入低谷，或许是一个不被重视的岗位，或许是一个默默无闻的角色。然而，这样的境地要求我们比别人更加努力，因为只有通过不懈的奋斗，我们才能实现职场上的逆袭。身处职场谷底，我们可能会遭遇冷眼与忽视，但这正是锻炼我们意志的机会。我们要坚信，每一个努力都不会白费，每一次挑战都是成长的契机。与其自怨自艾，不如用行动证明自己的价值。因此，在职场中，我们要比别人更加努力。只有不断进取，我们才能在职场上脱颖而出。

工作态度决定在职场中的高度

努力工作，不仅仅是对职业的尊重，更是一种积极的态度。在职场中，我们时常会遇到各种挑战与困难。但正是这些经历，塑造了我们坚韧不拔的性格，也让我们更加明白努力工作的意义。工作态度决定了我们在职场中的高度。一个对工作充满热情并全身心投入的人，会在细节中发现机会，在困境中找到出路。他的每一步都踏实而坚定，每一个成就都闪耀着汗水的光芒。而那些懒散懈怠的人，则只能在原地徘徊，无法触及更高的目标。

赵敏是一个外表柔弱，说话温声细语的人。然而，就是这样一位看似不起眼的姑娘，却以她惊人的毅力和韧性，赢得了众人的尊敬。

赵敏搞定了一个让所有人都头疼的客户。那位客户脾气不好，要求苛刻。但赵敏主动接下了这个烫手山芋。她耐心地与客户沟通，一遍遍地修改方案，即使面对客户的冷嘲热讽和多次修改的要求，她也从未有过半句怨言。最终，她的努力得到了回报。客户对她的方案赞不绝口，还特意指定她负责后续的业务。当有人好奇地问起她是如何应对这位难缠的客户时，她只是轻描淡写地说："虽然有些辛苦，但我觉得这是一次挑战自我的机会。"

赵敏用自己的行动证明了，只要有足够的毅力和决心，就能够战胜一切困难，创造出属于自己的辉煌。

职场迷茫：黯淡前途下的得过且过

在职场的大舞台上，每个人都曾有过满腔热血，期待着能闯出一片天地。然而，当现实的冷水一次次泼来，有些人开始觉得职场之路黯淡无光。他们开始怀疑自己的能力，觉得再努力也不过是徒劳。于是，工作态度从积极进取变成得过且过，他们不再追求个人的进步和提升。这种心态的蔓延，如同职场中的慢性毒药，不仅腐蚀着个人的斗志，也影响着整个团队的氛围。然而，职场之路并非一帆风顺。面对困境，我们应该勇敢地面对现实，积极寻求解决之道，而不是得过且过，自暴自弃。

提高警惕，千万不要被他人当枪使

职场如战场，纷繁复杂，处处暗藏危机。在这个充满竞争与合作的舞台上，有些人因警惕性不足，常常在不经意间成为他人手中的棋子。他们缺乏独立思考的能力，容易被外界的言论和观点所左右，难以在纷乱的信息中辨别真伪，把握正确的方向。这样的状态不仅限制了他们的职业发展，还可能让他们陷入无法自拔的困境。

在职场中，明辨是非的能力至关重要。我们要时刻保持清醒的头脑，不被表面现象所迷惑，更不应盲目听从他人的意见。在与同事合作时，要留心观察，善于分析，不要轻易被他人的言辞所左右。当面对争议时，更应保持客观公正的态度，不偏听偏信，不轻易站队。只有拥有独立思考和明辨是非的能力，我们才能在复杂多变的职场中立于不败之地。

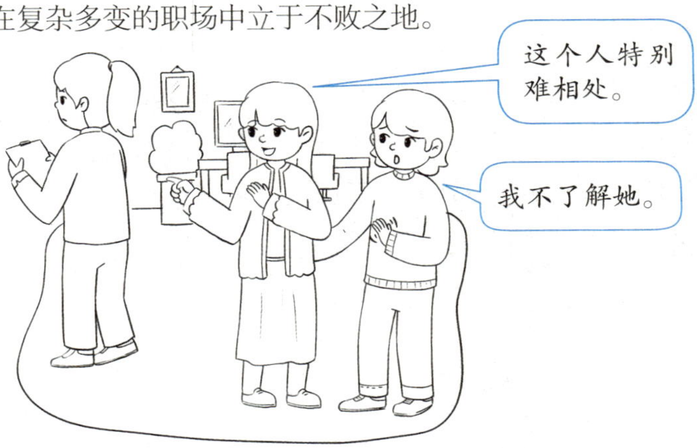

在职场中，保护自己是一项重要的智慧。我们应该学会隐藏自己的锋芒，不过于暴露自己的软肋。对于那些心怀不轨、喜欢操纵他人的人，我们要保持警惕，尽量远离，避免被他人利用。

张艳在公司里负责行政工作。有一天，公司的人力资源部发生了重大事件，此事甚至惊动了公司的高层。董事长亲自打电话给行政部门的主管，询问事件的详细情况。行政主管随即派张艳去找正在会议室开会的人力资源部经理。张艳来到会议室门口，却发现总经理也在场。她急忙给行政主管打电话，行政主管告诉她，不要害怕，并特别强调，情况紧急，务必把事情说清楚。

张艳鼓起勇气，按照行政主管的指示，直接走进了会议室。她详细阐述了人力资源部经理在工作中的重大失误。随着她的叙述，人力资源部经理的脸色变得越来越难看。张艳就这样在不知不觉中得罪了公司的人力资源部经理。事后她才明白，原来行政主管和人力资源部经理之间一直存在矛盾。而那次，行政主管其实是在利用她，将她当成了攻击对方的工具。

职场遇小人，保持距离是关键

在职场中，我们总会遇到一些心机深沉、喜欢搞小动作的人。这些人表面看似友好，实则暗藏心机，常常为了自己的利益不择手段。面对这样的职场小人，我们要与他们保持距离。不要轻信他们的“甜言蜜语”，更不要被他们的花言巧语所迷惑。与小人交往，只会让我们陷入无尽的纷争和麻烦之中，影响我们的心情和职业发展。我们要学会识别小人，避免与他们产生过多的交集。同时，我们也要努力增强自身的抵御能力，只有这样，我们才能在职场中稳步前行，不被小人利用。

职场交往需谨慎，远离负面能量源

在职场中，我们时常会遇到形形色色的人，其中不乏那些用公开的秘密来套你话的人，以及那些爱传播小道消息和搬弄是非的人。与这些人交往，不仅容易泄露自己的隐私，还可能被卷入不必要的纷争中，影响个人的形象和职业发展。我们要学会时刻保持警惕，避免与这类人过多的接触。当面对他们的诱导或挑拨时，我们要保持冷静，不轻易被他们的言语所影响。职场交往需谨慎，我们要保持自己的独立和清醒的头脑。

职场需谨慎，警惕心机小人

在这个纷繁复杂的职场世界里，除了合作与竞争，还有一类心机深沉的小人需要特别警惕。所以，在职场打拼的我们，得时刻保持清醒的头脑。这些心机小人往往擅长伪装，表面看似和气，实则暗藏心机。他们可能会用甜言蜜语来迷惑你，用虚假信息误导你，甚至编造谣言中伤你。一旦与他们为伍，不仅可能让你泄露自己的重要信息，还可能落入他们精心设计的陷阱中，导致职场上的挫败。我们得时刻提高警惕，学会识别这些心机小人的真面目。

战国时期，楚国的妃子郑袖以其美貌与智慧深得楚王的宠爱。然而，当一位来自魏国的美人出现后，楚王的心被其年轻活泼的气

质所吸引，郑袖的地位开始动摇。

郑袖虽心中不满，但表面对这位美人极为友好，赠送衣物、精心布置居所，让人看不出丝毫敌意。楚王看到两人和睦相处，十分高兴，对郑袖的宽宏大度赞赏有加。郑袖抓住时机，私下对这位美人说："大王觉得你什么都好，只是鼻子不够高。"美人听后担忧不已，郑袖便建议她见楚王时可以用手帕遮住鼻子。美人信以为真，每逢见楚王便照做。

楚王起初并未在意，但时间久了，他开始好奇。郑袖故意制造悬念，楚王再三追问，郑袖才故作惊慌地说："美人嫌弃大王身上有异味。"楚王听后大怒，下令割去美人的鼻子。郑袖借此除掉了情敌，重获楚王的独宠。

利益诱惑下，人心难防

在这个充满诱惑的世界里，利益让人心变得难以捉摸。当诱人的好处摆在眼前，有些人就会露出真实的本性。他们或许平时表现得温文尔雅，可一旦涉及利益，就会毫不犹豫地揭人短处，甚至背后散布谣言，伤害他人。面对这样的状况，我们不要轻易地被表面的花言巧语所欺骗。那些看似真诚的言语背后，可能隐藏着复杂的算计和阴谋。我们需要时刻保持警惕，用一双敏锐的眼睛去洞察人心。只要我们保持清醒的头脑，善于观察和思考，就一定能够识破那些为了利益而不择手段的人的阴谋。

保持团队精神，合作双赢才是王道

在职场中，大局意识和群体精神是不可或缺的素养。要把公司的长远发展放在首位，不为一己私利所动，齐心协力地达成公司的目标。同时，也要强化团队凝聚力，大家相互扶持，共同进步。只有大家团结一心，才能克服重重困难，取得辉煌的成就。

年轻时，我们往往自视甚高，容易忽视团队的力量。然而，只有找到团队合作的正确方法，我们才能在工作中发挥出更大的作用。通过团队协作，我们可以汇聚智慧，共同解决问题，实现更高的目标。因此，我们应该珍惜团队的力量，积极学习团队合作的技巧，不断提升自己的协作能力，以便更好地完成任务。

融入团队，是个人成长的最佳途径。在团队中，我们与志同道合者并肩作战，相互学习，汲取智慧。团队的力量能够激发出我们的潜能，促使我们不断前行，实现自我超越。因此，选择融入团队，便是选择了更快速、更稳健的成长之路。

郭奉孝，这位三国时期的智囊人物，起初在袁绍麾下效力，但不久便意识到袁绍并非理想的领导者。于是，他毅然决然地选择追随曹操。曹操用人有方，尤其在发掘人才方面独具慧眼，郭奉孝的到来，更使得曹操如鱼得水，事业也蒸蒸日上。

在职场中，与领导的相处之道，除了才华和能力，更需懂得与领导沟通的艺术。郭奉孝深谙其道，他不仅在工作中表现出色，更在关键时刻为曹操出谋划策，化解难题。

有一次，曹操大发雷霆，众人皆噤若寒蝉。此时，郭奉孝挺身而出，用其巧妙的话语平息了曹操的怒火，赢得了曹操的赞赏与信任。他深知如何把握与领导的相处之道，既保持自己的独立性，又尊重领导的权威。

此外，郭奉孝与同僚之间的关系也相处得相当融洽。他擅长与同事合作，共同完成任务，展现出了出色的团队精神。

团队协作：调控个性，凝聚智慧力量

在团队协作的舞台上，每个人都是独一无二的演员，带着自己的个性和观点。然而，真正的团队协作并非单纯的个性展示，而是需要我们学会调控自己的个性，与他人共同凝聚智慧的力量。调控个性并不意味着抹杀自我，而是要在坚持自己的同时，尊重并理解他人。有效融合则要求我们在沟通中倾听、理解、包容，共同寻找解决问题的最佳方案。在这个过程中，我们不仅能提升自己的团队协作能力，更能感受到团队合作带来的成就感和乐趣。

个人之力微小，团队之力无边

个人的力量，如同手中的一根筷子，虽坚韧却易折。我们每个人都有自己的长处和短处，能够在自己的小天地里发光发热。然而，面对复杂多变的挑战，仅凭个人的力量往往显得力不从心。相比之下，团体的力量则如同捆在一起的筷子，坚不可摧。当我们汇聚在一起，形成一个团队时，每个人的优点都得以充分展现，短处则得到弥补。团队的力量不仅在于人数的多少，更在于成员之间的默契和协作。一个团结协作的团队，可以创造出令人惊叹的成果，实现个人难以达成的目标。

培养双赢思维，拒绝内卷

在职场生活中，培养双赢思维显得尤为重要。双赢，意味着在合作中，双方都能获得利益，实现共同成长。这样的思维方式不仅有助于提升团队凝聚力，还能激发个人潜能，实现个人与组织的共同进步。相反，过度内卷只会让职场生活变得疲惫不堪。内卷化竞争往往导致资源内耗，工作效率下降，甚至可能引发人际关系的紧张。在这样的环境中，个人的创造力和工作热情都会受到压制，难以得到充分发挥。因此，我们应在合作中寻求共同利益，在竞争中保持尊重与理解。只有这样，才能实现个人与组织的双赢局面。

在深深的夜色中，一位商人摸索着前行，心里一直在后悔为啥出门时没带上灯。这时，前方出现了一束光亮，原来是位盲人手提灯笼走了过来。商人心里挺纳闷儿，就问盲人："你眼睛看不见，为啥还要提着灯笼呢？这不是浪费灯油吗？"盲人笑了笑，轻描淡写地说："我提灯笼，不是为了照亮自己的路，而是为了让别人看到我，这样我就不会被撞倒了。"

商人一听，这才明白过来。原来，盲人手里的那盏灯，虽然不能直接照亮他眼前的路，但能让别人看到他，从而避免撞到他。这个故事告诉我们，有时候帮助别人，其实也是在帮助自己。就像那位盲人一样，他用自己手里的灯照亮了别人的路，也让自己变得更加安全。所以，我们在生活中也应该多做一些对别人有益的事情，这样不仅能让他人受益，也能让自己收获更多的快乐和满足，这就是互惠互利，合作双赢。

职场中的成功之道：战胜自我，合作共赢

在职场这条充满挑战与机遇的道路上，我们更多的是战胜自己，而非单纯地战胜他人。成功的真谛不在于击败了多少竞争对手，而在于我们能否不断突破自我，超越过去的极限。与此同时，与他人合作而非相互争斗，更是职场成功的关键。职场是一个团队作战的战场，单打独斗难以取得长久的胜利。通过与他人携手共进，我们可以汇聚智慧，共同解决问题，创造更大的价值。

注重自身成长，持续提升才能升职加薪

在职场中，有时尽管人们尽心尽力、辛勤工作，却未能获得晋升的机会。面对这样的困境，我们往往会质疑自己的能力和价值，怀疑自己是否做得不够好，是否缺乏某种特质或技能。这种自我怀疑会给人带来巨大的心理压力，甚至可能动摇人的自信心。

努力工作却未能获得晋升，往往会让人心生挫败感，情绪低落，态度消极。然而，我们必须明白，每一次挫折都是成长的必经之路。正是这些挫折，让我们更加清晰地认识到自己的不足，促使我们反思并改进。面对挫折，我们不应沉沦其中，而应积极面对，从中汲取力量，激发自己的潜能。只有这样，我们才能在职场中不断成长。

升职，尽管在职场中常被视作一种成功的象征，其实它只是展现个人能力的一个方面。真正的价值，远非一个职位所能衡量的。无论是否踏上更高的台阶，我们都应深信，自身的价值无法用单一的标签来定义。在职场生活中，我们更应保持内心的平和与坚定，让自身的闪光点在更多的地方绽放，赢得更广泛的认可。

唐朝诗人李白，大家都十分熟悉，他活在诗歌的黄金时代，以过人的才情和独特的个性，在当时的文坛上大放异彩。

李白从小就对诗词有着浓厚的兴趣，他的诗如流水般自然，意境深远，赢得了许多人的赞赏。然而，在官场中，他并未得到重用，多次向朝廷自荐却都未能如愿。尽管仕途不顺，李白并没有因此灰心丧气。他选择将更多的精力用在诗歌创作上，游历大好河山，与朋友们饮酒作乐，尽情享受生活的乐趣。他的诗篇如《月下独酌》《庐山谣》等，成为中国文学宝库中的珍品。

李白的故事告诉我们，一个人的价值并非只是职位的高低，更在于他的才华、品格和为社会所做的贡献。

职场不断进阶，成就个人价值

现代职场上的竞争非常激烈，每个人都在拼尽全力寻找自己的位置和价值。但我们要明白，努力并不仅仅是付出时间和汗水，更重要的是持续提升自我的能力。每一次的挑战都是一次成长的机会，每一次的失败都是通往成功的垫脚石。只要我们保持对知识的渴望，对技能的锻炼，不断提升自己的专业素养和综合能力，就一定能够在职场中脱颖而出。努力的过程或许艰辛，但只要我们坚持下去，就一定能够实现自我的价值。

克服职场挫败感，专注于自我成长

在职场生活中，我们时常会遭遇挫折，但关键在于如何战胜它。首先，我们不应将职位高低作为衡量个人价值的唯一标准。职场中的每一个角色都有其独特的价值和意义，我们的价值不应仅由职位标签来定义。其次，我们要注重个人的实际贡献与专业水平。真正的成就并非来自虚名，而是源于我们为团队、为公司所做出的实际贡献。同时，不断提升自己的专业水平也是关键所在。只有具备扎实的专业知识和技能，我们才能在职场中脱颖而出，赢得他人的尊重和信任。

提升领导能力，多元发展成就职场精英

在职场中，领导能力不仅是带领团队前行的关键，更是个人职业发展的重要支撑。一个优秀的职场人，应不断提升自己的领导能力，以便更好地激发团队潜力，实现共同目标。领导能力的提升，意味着能够更好地带领团队、解决问题，从而在工作中发挥更大的价值。同时，一个职场人还需要具备多种能力，如沟通能力、协调能力、创新能力等。这些能力的综合运用，能够帮助我们更好地应对职场中的挑战，提升工作效率，赢得同事和上级的认可。

李华初入职场，怀揣着对职场的憧憬和梦想，准备大展身手。然而，她很快发现职场远比自己想象得要复杂。

起初，李华以为只要专业技能过硬，就能在职场上立足。但随着工作的深入，她逐渐意识到领导力和多元能力的重要性。一次，李华被选为重要项目的负责人，初次担此重任的她感到压力巨大。她不知道如何带领团队、协调资源，但李华并未退缩。她主动请教前辈，学习领导技巧，并努力提升自己的沟通、协作和创新能力。她努力与团队成员建立良好的关系，鼓励大家积极发表意见，共同解决问题。在她的带领下，项目进展顺利，成果显著，李华的领导力和多元能力得到了大家的一致认可。

李华的故事告诉我们，除了专业技能，领导力和多元能力同样不可或缺。只有全面提升自己，才能在职场中脱颖而出。

职场角逐，自我提升不能停

职场如战场，充满了无数挑战与竞争。在这个竞技场上，想要立足并脱颖而出，我们必须时刻保持自我提升的状态，不断提高自己的专业素养和能力。专业素养是职场竞争力的基石。无论是专业知识的深入学习，还是行业动态的敏锐把握，都需要我们不断充实自己的知识储备，提升自己的专业素养。只有具备扎实的专业基础，我们才能在工作中游刃有余，应对各种挑战。此外，我们还需要不断提升自己的沟通能力、团队协作能力、创新能力等，以适应职场的不断变化。

保持好的工作习惯，让工作有始有终

想要成为一名优秀的员工，智商的高低和社交技巧的掌握固然重要，但更为关键的是培养良好的习惯。良好的习惯如同职场中的指南针，指引着我们高效、有序地前行。培养良好的工作习惯，不仅能让我们在工作中脱颖而出，更能让我们在人生的道路上走得更远。

在职场中，成果无疑是衡量工作效果的关键指标，但领导者也深知，成果的背后往往隐藏着我们的努力与付出。他们不仅看重最终的结果，更关注我们为达成目标所付出的努力和展现出的工作态度。因此，我们在追求工作成果的同时，也要注重展现自己的付出与努力。

在职场中，工作速度与质量常被视为权衡工作能力的两端。然而，快速响应、迅速执行，是现代职场的基本要求。在追求工作质量之前，我们应首先确保工作的高效。但追求更快的工作速度并不意味着牺牲质量，而是要在保证质量的同时，持续提升工作速度。

赵刚在初入职场时，对每项任务都特别小心，生怕出错。过了一段时间，他觉得工作挺顺利的，但在妇女节的前一天，领导突然问他有没有准备三八妇女节的鲜花。赵刚愣住了，他之前根本不知道这件事，而且时间也很晚了，到哪里去买那么多鲜花呢？就在他不知所措的时候，一个老员工帮了他。老员工告诉他，有时候过程不重要，重要的是结果。没有完成任务，那就是他的责任。

赵刚这才明白，职场和学校不一样。在学校犯错没事，老师会帮你；但职场不一样，出了问题可能就要丢饭碗。在老员工的帮助下，赵刚联系到了一个同事的妻子，她开了一家花店，离公司很近。他们商量好价格后，赵刚预定好了第二天女员工过节所需的鲜花。

然后，赵刚告诉领导鲜花准备好了。第二天，女员工们收到鲜花都很开心，领导也对赵刚点了点头。但赵刚心里并不轻松，他明白自己的职场生涯才刚刚开始。

职场法则：结果导向，习惯先行

在职场中，结果永远是最终的目标。没有好的结果，过程再完美也枉然。因此，我们必须以结果为导向，将实现最佳结果作为工作的核心。而要实现这一目标，养成良好的工作习惯就显得至关重要。我们需要合理规划时间，高效完成任务，避免拖延和无效的努力。同时，保持积极的学习态度，不断提升自己的专业能力和综合素质。此外，良好的沟通和协作也是职场成功的关键。只有与同事保持良好的沟通，才能确保工作的顺利进行。

职场之道：有始有终，良好习惯成就卓越

在职场生活中，我们常常能看到一些工作有始无终，这不仅影响了整个团队的进度，更损害了企业的利益。这背后的原因，往往是部分人的工作失误或粗心大意。要想在职场中脱颖而出，我们不仅要做到有始有终，更要培养良好的工作习惯。养成良好的工作习惯，意味着我们能够在工作中更加有条不紊，减少错误和疏漏的产生。它让我们更加高效地利用时间，更加专注地完成任务。

优秀工作者：良好习惯铸就非凡成果

想要在工作中取得出类拔萃的成绩，持续坚守良好的工作习惯无疑是关键中的关键。无论是面对重大挑战，还是处理琐碎小事，我们都应追求精益求精，确保每一项工作都做到最好。良好的工作习惯就如同指南针，引导我们在工作中保持高效和专注。它要求我们对每一个细节都用心对待，不断追求更高的标准，努力提升自己的专业技能。同时，这种习惯也需要我们保持持久的动力，勇于挑战自我，不断超越自己。

小浩，一名刚刚步入社会的职场新人，在一家知名公司的策划部开始了他的职业生涯。他深知工作来之不易，因此每天都全力以

赴，认真对待每一项任务。

有一天，部门经理交给他一个重要任务——为一家大型企业策划一场活动。小浩不敢有丝毫懈怠，加班加点地完成了策划方案。然而，就在准备展示成果的时候，他发现自己的电脑突然无法启动，更让小浩痛心的是，他之前没有备份文件，所有的努力都付诸东流。在例会上，他只能凭借记忆，口头描述了自己的创意。虽然他的创意得到了经理和同事们的认可，但无法以完整的文件形式展现，无疑给他留下了巨大的遗憾。

这次经历让小浩深刻认识到，在职场中，认真细致的态度比什么都重要。他开始更加注重细节，力求在每一个环节上都做到最好。他知道，只有持之以恒地努力，才能在职场中脱颖而出，实现自己的梦想。

以结果为导向，培养良好的工作习惯

在职场中，追求结果与培养良好的工作习惯是成功的双翼。我们应树立成效导向的思维方式，勇于担当，不推诿，用积极的态度面对挑战。同时，养成及时汇报、注重细节、追求卓越的工作习惯，从而精益求精，不断提高工作效率。此外，我们还要形成行动、反馈、成效的良性循环，不断实践、调整策略，并总结经验教训。只有这样，我们才能在职场中脱颖而出，取得卓越的成就。

具备老板心态，尽职尽责才能有所成就

在职场中，那份追求成功的欲望与冲动，驱使着我们不断前行。它不仅是我们内心的强大动力，更是我们坚定的信念之源。这份渴望如同明灯，照亮我们探索职业道路的每一步，指引我们迈向更高的山峰。

要想在职场中崭露头角，我们必须怀揣一颗矢志不渝的进取之心。这意味着我们要不断挑战自我，追求卓越，永不满足于现状。而对成功的渴望，更是我们实现目标的指南针。它引导我们积极规划，设定明确的目标，并制订出切实可行的计划。我们深知，只有通过不断学习和提升，才能使自己进步，实现心中的梦想。

具有老板心态的成功者，总是以积极的态度应对生活中的各种挑战。他们从不畏惧困难，更不会选择逃避。相反，他们坚信每一个问题的背后都隐藏着解决方案的钥匙，每一次挫折都是通往成功的必经之路。因此，他们总是主动寻找解决问题的方法，用实际行动去化解困境。

在一个阳光明媚的日子，名叫吉姆的勤劳少年致电布朗夫人，询问道："夫人，您家还需要割草服务吗？"布朗夫人回应道："我已经有固定的工人了。"然而，吉姆并未因此放弃，他继续道："那我可以帮您清理草丛中的杂草。"布朗夫人听后，微笑着表示："这点我的工人也做得很好。"吉姆听后，并未气馁，他再次提议："我还可以帮您修剪草坪，使其更加整齐。"布朗夫人听后，依旧婉拒："真的很感谢你，但我请的那位工人已经做得很完美了。"

回到宿舍，室友不解地问："你不是已经在布朗夫人那里割草了吗？为什么还要打电话询问？"吉姆微微一笑："我只是想了解一下，自己的工作是否还有改进的空间。"在他人看来，吉姆或许是多此一举，但对他而言，这是责任心的驱使。他深知，完成工作只是开始，追求卓越才是永恒的目标。这就是一种职场上的主人翁精神，以老板的心态去对待自己的工作。

职场主人翁精神：解锁难题的关键

在职场中，培养做老板的主人翁精神显得至关重要。这种精神不仅是对工作的热爱与投入，更是一种对团队和公司的责任感。拥有明确的目标感，我们能够更加清晰地看到前方的道路，坚定前行的步伐。当我们遇到工作中的难题时，这份主人翁精神便成为我们摆脱困境的钥匙。它激励我们主动思考，积极寻找解决问题的方案，而不是等待他人的指示或帮助。我们要清楚，每一个难题都是一次成长的机会，每一次挑战都是一次锻炼能力的契机。

铸就老板心态，担起职业责任

在职场中，我们应当怀着一颗当老板的心态，积极主动地探索新的使命与追求，不断磨砺那份独特的职业精神。拥有老板心态，意味着我们不再满足于单纯的执行，而是热忱地去发掘、去创新、去完善。我们不再被动地等待指令，而是自发地去发现难题，提出解决方案，并付诸行动。这样的态度，使我们在工作中更加投入，更加专注。

责任心：职场中的无价之宝

在职场中，责任心是一种不可或缺的品质。它是一种简单而无价的品质。它不仅能够提升个人的职业形象和能力，还能够为团队和企业贡献一份力量。拥有较强责任心的人，对待工作总是认真负责，尽心尽力。他们不会因任务的困难而推诿，也不会因环境的恶劣而懈怠。他们会时刻关注工作的进展，及时发现问题并寻求解决方案，确保每一项任务都能圆满完成。

在美国，一位十三岁的少年早早进入父亲经营的加油站工作，虽怀揣对汽车技术的热爱，却被安排在前台做接待。他很快发现，只要专注认真地对待每一位顾客，就能赢得他们的满意与再次光临。因此，他总是乐于为客人提供额外的关心和帮助。

然而，一次遇到一位挑剔的客人的经历让他倍感挫败，几乎想要放弃。但父亲的话点醒了他：“无论遇到什么困难，都要保持敬业的态度，这是你的职责。”少年深受启发，从此便以更加敬业的心态面对工作。

随着时间的推移，加油站的生意越来越好，也赢得了众多顾客的信赖。少年从父亲那里学到的敬业精神，成为他成长路上的宝贵财富。敬业精神不仅是对待工作的态度，更是通往成功的关键。只有像老板一样全身心地投入，我们才能在职场中脱颖而出，实现自己的梦想。

老板心态与企业家精神：共铸卓越

老板心态，远非简单的责任感所能涵盖，它更是企业家精神的深刻体现。这种精神如同职场中的明灯，照亮我们前行的道路，引领企业迈向更加辉煌的未来。企业家精神的特质，集中表现为创新、冒险、远见与进取。创新，是我们不断探索、勇于突破的动力源泉；冒险，则是我们敢于挑战未知、拥抱变化的勇气体现；远见，让我们能够洞察市场先机，把握未来趋势；而进取，则是我们在激烈竞争中保持领先地位的不懈追求。